テクテク観察《かんさつ》

# ツバメ日記

七尾　純・著　どいまき・絵

## 観察《かんさつ》している公園の風景《ふうけい》

公園の池のサクラ。右側《がわ》のサクラがわたしが観察《かんさつ》をつづけている木。

## めずらしい！地上を歩くツバメ

池の排水路《はいすいろ》におりたったツバメたち。
せっせとくちばしをどろにつっこんでいる。

## 電線でなにをしているのかな？

電線に巣立《すだ》ったばかりのひながとまって、一生懸命《いっしょうけんめい》鳴いている……。

親鳥がやってきた！

なにかをくわえて
飛《と》びたった！
ツバメが
くわえたのは……。

タカの仲間《なかま》ツミ。手前はキジバト。

アオサギ

## 池で見つけた野鳥《やちょう》たち

ハクセキレイ

キセキレイ

オナガ

カワセミ

もくじ

# 「サクラ前線《ぜんせん》」にふりまわされて

二〇〇七年三月下旬《げじゅん》。神奈川県《かながわけん》のわたしのすむ町にもサクラ前線《ぜんせん》が上陸《じょうりく》。公園や街路樹《がいろじゅ》のソメイヨシノの開花《かいか》が、いっせいにはじまりました。

はじめは枝先《えださき》にわずかに数輪《すうりん》ですが、日をおうごとに開花《かいか》がすすみ、枝《えだ》という枝《えだ》は、花につつまれていきます。

風をうけて、ゆっくりと波《なみ》うつようにゆれる花をながめながら、わたしはホッと胸《むね》をなでおろしました。

(やれやれ。まだ心配《しんぱい》するほどではなかったか……。)

心配《しんぱい》ごとというのは、地球温暖化《ちきゅうおんだんか》の影響《えいきょう》です。

地球温暖化《ちきゅうおんだんか》というのは、地球《ちきゅう》の平均気温《へいきんきおん》が上昇《じょうしょう》することです。地球《ちきゅう》の平均気温《へいきんきおん》は、地球《ちきゅう》上《じょう》の観測《かんそく》地点で観測《かんそく》された一日の時間や季節《きせつ》や場所《ばしょ》による気温《きおん》の高い低《ひく》いを地球全体《ちきゅうぜんたい》でならし、さらに何十年という時間の長さでならしたものです。

北から南につらなる日本列島《れっとう》は、地方によって気温《きおん》が大きくことなり、しかも季節《きせつ》の変《へん》化《か》が大きいので、そこにすんでいるわたしたちにとっては、気温《きおん》の変化《へんか》がそんなにたいへんなことだとはなかなか気づきません。しかし何十年、何百年という長い時間のなかでの地球全体《ちきゅうぜんたい》の平均気温《へいきんきおん》となると、わずか数度上昇《すうどじょうしょう》するだけで地球全体《ちきゅうぜんたい》に大きな影響《えいきょう》をおよぼします。

現在《げんざい》の地球《ちきゅう》の平均気温《へいきんきおん》は約《やく》十五度《ど》です。これは過去《かこ》百年間で約《やく》〇・六度上昇《どじょうしょう》した結果《けっか》です（ＩＰＣＣ《アイピーシーシー》／一九〇一〜二〇〇〇年のデータ）。しかもＩＰＣＣ《アイピーシーシー》（気候変動《きこうへんどう》に関《かん》する政《せい》府間《ふかん》パネル）という国際的《こくさいてき》な研究機関《けんきゅうきかん》の発表《はっぴょう》によると、近年では、十年ごとに〇・二度《ど》の上昇《じょうしょう》をつづけているそうです。

わずかな上昇《じょうしょう》のように思えますが、そのわずかな上昇《じょうしょう》でも地球《ちきゅう》をとりまく大気の流《なが》れが大きくかわってしまい、地球《ちきゅう》のある地点では、これまで経験《けいけん》したことがないほど気温《きおん》があがったりさがったり、またある地点では豪雨《ごうう》やかんばつをひきおこします。この現象《げんしょう》を「異常気象《いじょうきしょう》」といいます。

異常気象《いじょうきしょう》は、自然災害《しぜんさいがい》や森林の荒廃《こうはい》、大地の砂漠化《さばくか》など、世界各地《せかいかくち》でさまざまな環境破《かんきょうは》壊《かい》をひきおこしています。そしてその結果《けっか》、地球《ちきゅう》にすむさまざまな動植物《どうしょくぶつ》の生命《せいめい》がおびやかされているというニュースが報告《ほうこく》されているのです。

二〇〇七年の三月。日本でもその不安《ふあん》なニュースが流《なが》れました。三月七日。わたしは新聞をひろげ、気象庁《きしょうちょう》から発表《はっぴょう》された「サクラ前線《ぜんせん》」（サクラの開花予想日《かいかよそうび》）を見つめながら、思わず息《いき》をのみました。

（東京《とうきょう》の開花《かいか》は三月十八日だって……？

あと十日ほどしかないじゃないか……。）

サクラ前線《ぜんせん》とは、地図の上に、ほぼ同じ開花予想日《かいかよそうび》ごとに線でむすんだものです。その線をたどると、どの地方が、いつごろ花が咲《さ》きだすか、およその見当《けんとう》がつけられます。

解説《かいせつ》によると、地球温暖化《ちきゅうおんだんか》の影響《えいきょう》で、この冬、暖冬《だんとう》になったことが原因《げんいん》ではないか、とのことです。

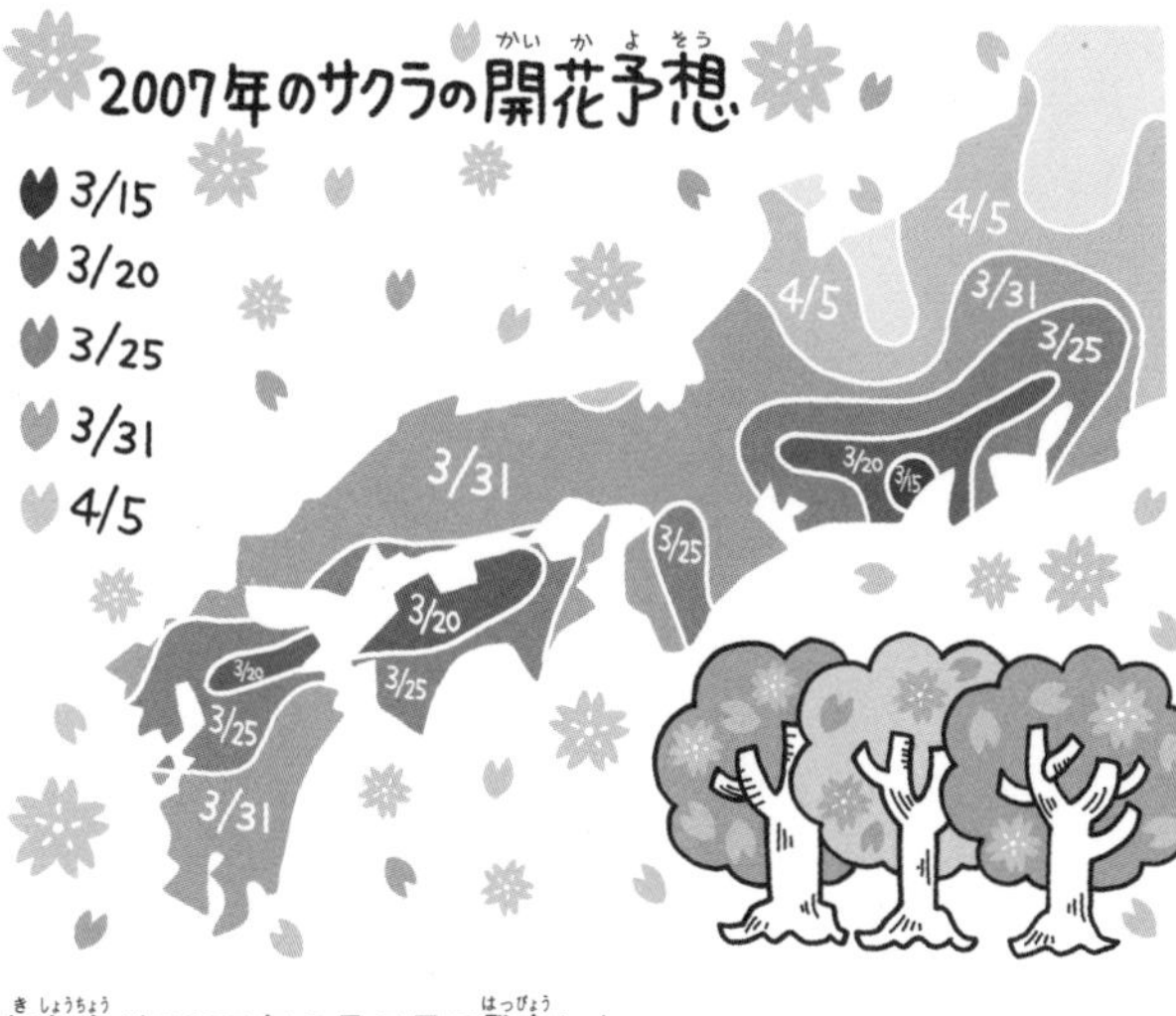


気象庁《きしょうちょう》が 2007 年３月７日に発表《はっぴょう》した、
第１回開花予想《かいかよそう》をもとに作図。

日本各地《かくち》ともに例年《れいねん》よりも一週間以上《いじょう》も早い開花予想日《かいかよそうび》だったため、新聞やテレビで、「記録的早咲《きろくてきはやざ》き」「地球温暖化《ちきゅうおんだんか》の影響《えいきょう》か?」と、大きく報道《ほうどう》されました。

わたしがすんでいる町は、神奈川県《かながわけん》のほぼ中央《ちゅうおう》、丹沢山系《たんざわさんけい》（神奈川県《かながわけん》から山梨県《やまなしけん》にまたがる山地）のふもとにあります。例年《れいねん》のソメイヨシノの開花《かいか》は、東京《とうきょう》の開花《かいか》から二、三日おくれの三月末《すえ》ごろです。それにくらべると、今年の開花予想日《かいかよそうび》は、二週間近くも早まることになります。

地球温暖化《ちきゅうおんだんか》が大きな環境問題《かんきょうもんだい》になってから、未来《みらい》の日本のすがたが気がかりになり、わたしは近くの公園のサクラのなかから、毎年いちばん早く咲《さ》きはじめる木をえらんで観察《かんさつ》をつづけてきました。

（おかしいなぁ。公園のサクラは、まだ、つぼみがふくらみはじめたばかりのはずだったが……。）

疑問《ぎもん》に思い、毎年観察《かんさつ》をつづけている近くの公園のサクラをたしかめにいきました。

つぼみはふくらみはじめているものの、まだうろこ、このような皮《かわ》につつまれています。どう見ても、一

ふくらみはじめたサクラの花芽《はなめ》（2月下《げ》旬《じゅん》）。うろこのようなりん片《ぺん》にまもられている。

週間後に咲《さ》きだしそうにはありません。

サクラ前線《ぜんせん》は、その年の天候《てんこう》の状況《じょうきょう》から修正《しゅうせい》をくわえながら、何回かに分けて発表《はっぴょう》をくりかえします。きっと、予想日《よそうび》の修正《しゅうせい》があるだろう、と思いました。

思ったとおり、二回めの修正開花予想《しゅうせいかいかよそう》(三月十四日)では、三月十八日から二十三日に、三回めの修正開花《しゅうせいかいか》予想《よそう》(三月二十日)では、二十二日に修正《しゅうせい》されました。それなら、例年《れいねん》とあまりちがいはなさそうです。

サクラ前線《ぜんせん》にふりまわされながら、三月二十五日、公園のわたしが観察《かんさつ》していた木も、やっと開花宣言《かいかせんげん》!

公園のソメイヨシノは三分咲《さんぶざ》き、五分咲《ごぶざ》き、八分咲《はちぶざ》きと、日をおうごとに咲《さ》きすすみ、開花日《かいかび》から十日ほどたつころには満開《まんかい》。公園はあわいピンクにつつまれました。そして、あっというまに満開《まんかい》をすぎ、サクラ前線《ぜんせん》は北上《ほくじょう》していきました。

池の土手《どて》に生えているサクラのうちの１本が、わたしが開花《かいか》の観察《かんさつ》をつづけている木。

## 悲《かな》しい「ツバメの初見日《しょけんび》」

四月十四日（日曜日）。ピンク一色にそめつくしていた公園のサクラも散《ち》りはじめ、地面《じめん》も池の水面《すいめん》も花びらでびっしりです。まるで花びらのじゅうたんをしきつめたようです。

風に乗《の》って、ひらひらと水面《すいめん》にまい落《お》ちるサクラの花びらをながめていると、一枚《まい》の花びらが、空中にはりついたように、ぴたりととまりました。

（おや……？）

つづいてもう一枚《まい》。つづいてまた一枚《まい》。

（なんでだろう？）

たしかめようと土手《どて》をおりると、花びらをうけとめていたのはクモの巣《す》でした。

（な～んだ。クモの巣《す》のマジックか。でも、きれい

クモの巣《す》にかかった花びら。
まるで花びらが空中にはりついているように見える。

だな。)

ゆらゆらと風にゆれる花びらをながめているときでした。パタパタッと羽音をたてて、とつぜん草むらから一羽の鳥が飛《と》びたちました。

(あ、ツバメだ!)

長くのびた尾羽《おばね》から、オスのようです。

ツバメは池の空を大きく旋回《せんかい》すると、近くの電線にとまりました。

(もう、渡《わた》ってきていたのか……。)

サクラ前線《ぜんせん》に気をとられているうちに、もうひとつのつづけてきた観察《かんさつ》、「ツバメの初《しょ》見日《けんび》」のことをうっかり忘《わす》れていました。

＊＊＊＊＊

気象庁《きしょうちょう》が発表《はっぴょう》しているのは、天気予報《よほう》だけではありません。身近《みぢか》な、さまざまな生物《せいぶつ》が、季節《きせつ》によってくらしをどうかえていくのかを観察《かんさつ》をつづけて発表《はっぴょう》しています。

サクラ前線《ぜんせん》が代表的《だいひょうてき》なものですが、ほかに、植物《しょくぶつ》では「タンポポ前線《ぜんせん》」(開花日《かいかび》)や「紅葉前線《こうようぜんせん》」(紅葉日《こうようび》)、動物《どうぶつ》では「ツバメの初見日《しょけんび》」や「ウグイスの初鳴日《しょめいび》」、「ホタルの初見日《しょけんび》」などがあります。これを「生物季節観測《せいぶつきせつかんそく》」といいます。

生物季節観測《せいぶつきせつかんそく》には、大きなねらいがあります。さまざまな生《い》き物《もの》が気象《きしょう》の変化《へんか》に、どんな影響《えいきょう》をうけているかを長期的《ちょうきてき》に観察《かんさつ》をつづけることで、何十年、何百年という未来《みらい》の地《ち》球《きゅう》の気象《きしょう》がどう変化《へんか》していくのかを予測《よそく》する材料《ざいりょう》のひとつとしようというものです。

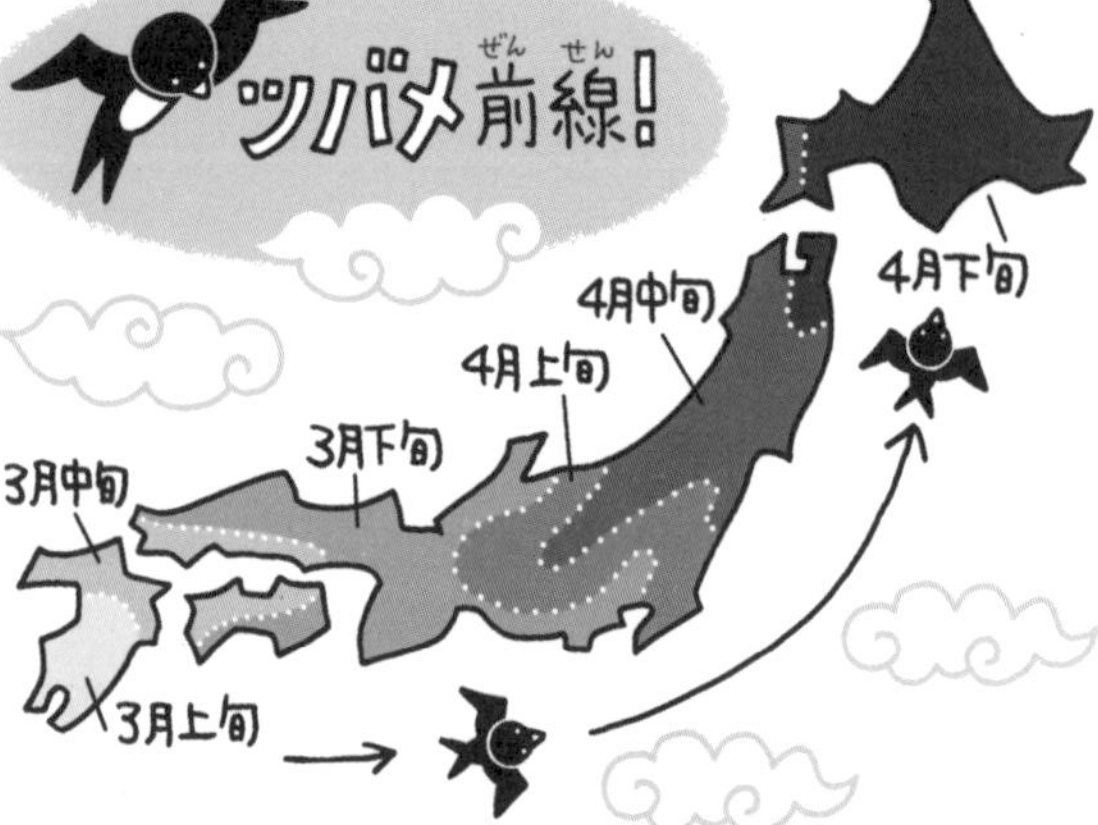


全国のツバメの初見日《しょけんび》をもとに、ほぼ同じ飛来日《ひらいび》の地域《ちいき》を地図の上で線でむすんだツバメ前線《ぜんせん》。

たとえば、サクラの開花時期《かいかじき》が、毎年じょじょに早まっているようなら、日本列島《れっとう》の平均気温《へいきんきおん》が上昇《じょうしょう》していると考えることができ、反対《はんたい》に、毎年じょじょにおそくなっているようなら、平《へい》均気温《きんきおん》がさがってきていると考えることができるわけです。

サクラの開花《かいか》が日本列島《れっとう》の気象《きしょう》の変化《へんか》をうらなうことに役立《やくだ》つのに対し、地球全体《ちきゅうぜんたい》の気象《きしょう》の変化《へんか》を教えてくれるのがツバメです。

春、ツバメが日本にくる時期《じき》は、地方によっておよそきまっています。初見日《しょけんび》は、二月中旬《ちゅうじゅん》から沖縄《おきなわ》地方ではじまり、しだいに北上《ほくじょう》しながら、四月下旬《げじゅん》には北海道《ほっかいどう》地方にたっします。

ツバメは季節《きせつ》の変化《へんか》にあわせて、くらす場所《ばしょ》をかえる渡《わた》り鳥《どり》です。日本が冬の時期《じき》は、暖《あたた》かくてえさの豊富《ほうふ》なオーストラリアや東南アジアでくらしています。たまごを産《う》んでひなを育《そだ》てる繁殖期《はんしょくき》が近づくと、春になってえさとなる昆虫《こんちゅう》が一気にふえる日本へ向《む》けて、いのちがけで海を渡《わた》ってきます。

ツバメの渡《わた》りは地球《ちきゅう》の南半球《みなみはんきゅう》から北半球《きたはんきゅう》へと、何千キロメートルにもなります。ツバメがいつ渡《わた》ってきたかで、ツバメがくらしていた地域《ちいき》や、渡《わた》りのルートの気象《きしょう》の変《へん》化《か》や環境《かんきょう》の変化《へんか》をおしはかることができます。そして、その変化《へんか》を長期間《ちょうきかん》にわたって観察《かんさつ》をつづけることで、地球全体《ちきゅうぜんたい》の気象《きしょう》の変化《へんか》を予測《よそく》する手がかりにもなるので、気《き》象庁《しょうちょう》では、その年にはじめてツバメを見た日「ツバメの初見日《しょけんび》」を、各地《かくち》の観察者《かんさつしゃ》や

ツバメは繁殖地《はんしょくち》の日本と、越冬地《えっとうち》の東南アジアやオーストラリアなどのあいだを行き来している。

研究者《けんきゅうしゃ》からの報告《ほうこく》をもとに、記録《きろく》をとっているのです。

ツバメが渡《わた》りの行動《こうどう》をおこすのは、日照《にっしょう》時間にかかわりがあるといわれています。一日の日照《にっしょう》時間が十三時間になる日をさかいにホルモンがはたらきはじめ、「渡《わた》り」をはじめると考える研究者《けんきゅうしゃ》もいます。

日照《にっしょう》時間は年ごとの変化《へんか》が比較的《ひかくてき》少ないので、日時がそれほどずれることがありませんでした。ところが長年蓄積《ちくせき》された記録《きろく》を調《しら》べてみると、近年、各地《かくち》のツバメの初見日《しょけんび》が早まってきていることがわかってきました。

その原因《げんいん》は……。

まだはっきりとつきとめられてはいませんが、地球温暖化《ちきゅうおんだんか》によっておこる気象《きしょう》の変化《へんか》で、オーストラリアや東南アジア地方の晴《せい》、雨天《うてん》のバランスがくずれ、日照《にっしょう》時間にまでくるいがでてきているのかもしれません。

ツバメの渡《わた》りの変化《へんか》が、わたしたち人間に地球温暖化《ちきゅうおんだんか》や大きな気候変動《きこうへんどう》を警告《けいこく》してくれるにちがいないと思い、わたしはツバメの初見日《しょけんび》にもおおいに注目《ちゅうもく》していたのです。

＊＊＊＊＊

ツバメは、チュビチュビチュルーとさえずったあと、もういちど空を旋回《せんかい》し、スーッと草むらにまいおりました。

（こんなところで、なにをしているんだろう……。）

ツバメは巣《す》をつくるどろや枯《か》れ草《くさ》を集《あつ》めるときにしか、地上におりません。

（もう巣《す》づくりがはじまったのかな？　いつもより早いなぁ……。）

ふしぎに思って、草むらをのぞきこんでみると、そこにはツバメの死《し》がいが……。少し尾羽《おばね》が短《みじか》いので、死《し》がいはメスのようです。

尾羽《おばね》の長いオスは、その死《し》がいのそばによりそうように、じっとうずくまっています。

そして、しばらくすると、オスはあきらめたのか、ふたたび空にまいあがり、どこかへ飛《と》びさってしまいました。

このようすから、この二羽のツバメは、きっと「つがい」（夫婦《ふうふ》）だったにちがいないと、わたしは思いました。

ツバメのつがいは、どちらかが死《し》んでしまうまでつづきます。でも、つがいがいっしょにくらすのは繁殖期《はんしょくき》だけです。オスがさきに渡《わた》ってきて、去年《きょねん》つくった巣《す》の近くで、メスを待《ま》っているといわれています。

（カラスか、ネコにおそわれたのだろうか……？）

しゃがみこんで、死《し》がいを調《しら》べてみました。どこにも傷《きず》はありません。どうやら敵《てき》におそわれたのではなさそうです。

（病気《びょうき》になったのだろうか……？　それとも、何千キロという長旅《ながたび》で体力を消耗《しょうもう》し、やっと日本にたどりつき、オスとであったときに、力つきてしまったのだろうか……？）

死《し》がいにはもう、アリが集《あつ》まってきています。

アリをはらい落《お》とし、そっとひろいあげました。もう、からだが硬直《こうちょく》してきています。

（かわいそうに……。）

わたしは近くに落《お》ちていた木切れで土手《どて》に穴《あな》をほり、そっと死《し》がいをうめました。

わたしの今年の「ツバメの初見日《しょけんび》」は四月十四日。しかし、悲《かな》しい初見日《しょけんび》でした。

# 待《ま》ち遠《どお》しかったツバメがくる日

「なにしてるの？　おじさん。」

声をかけてきたのは、ザリガニつりをしていた男の子です。

「ツバメが死《し》んでいたんだ。だから土にうめていたのさ。」

「ふーん。車にぶつかったんじゃない？」

「それが、よくわからないんだ。けがもしていないようだし。長い旅《たび》で、からだが弱ってしまったのかもしれないね。」

「かもね。」

「ところできみ、もうツバメを見たかい？」

男の子はそっけなく、

「そんなの見てないよ。」

「わたしはね、さっき見たばかりなんだ。これからぞくぞくと渡《わた》ってくるぞ。うきうきしてくるなあ。」

男の子はわたしの気持《きも》ちに水をさすように、

「ツバメがくると、そんなにうれしいの？」

「そりゃあうれしいさ。ツバメは海を越《こ》えて、何千キロも旅《たび》をして会いにきてくれる友だちだからなあ。きみはそう思わないかい？」

「べつに。」

どうも話がかみあいません。男の子の友だちがよぶ声がしました。

「おーい、早くこいよー。こっちにいるぞー！」

「いまいくー！」

どうやらツバメより、ザリガニのほうが友だちのようです。

（でも、むりはないか……。）

男の子を見送《おく》りながら、ふと、六十年ほどまえの子どものころを思いだしました。

わたしのふるさとは、秋田県《あきたけん》の雪深《ゆきぶか》い山村《さんそん》です。村は小高い山にかこまれ、山すそには、田んぼがひろがっていました。

長い冬がおわり、春がおとずれるのは四月下旬《げじゅん》です。山にヤマザクラが咲《さ》きはじめるのを合図に、田んぼを耕《たがや》したり、苗代《なわしろ》で稲《いね》の苗《なえ》を育《そだ》てたりして、田植《たう》えの準備《じゅんび》がはじまります。そして五月下旬《げじゅん》には田植《たう》え。いまのような田植《たう》えの機械《きかい》はなかったので、水をはった田んぼに何日もかけて苗《なえ》をひと株《かぶ》ひと株《かぶ》、手で植《う》えていくのです。

男の人は田んぼの準備《じゅんび》。女の人は田植《たう》え。苗《なえ》はこびは子どもの仕事《しごと》と、大人も子どもも、一家総出《そうで》ではたらきます。

田植《たう》えがおわって、ひと息《いき》つくまもなく、もっと骨《ほね》の折《お》れる雑草《ざっそう》と、稲《いね》を食い荒《あ》らす害《がい》虫《ちゅう》とのたたかいがはじまります。

ちょうどそんなときに渡《わた》ってきて、農家《のうか》の手助《てだす》けをしてくれるのがツバメです。ツバメは田んぼの空を飛《と》びまわり、大量《たいりょう》に発生《はっせい》するガやウンカ、ユスリカなど、稲《いね》の成長に害《がい》をあたえる昆虫《こんちゅう》を、一日に数百匹《ぴき》もとらえて食べてくれるのです。

人家に巣《す》をつくり、まわりの田畑《たはた》の害虫《がいちゅう》をとってくれるツバメは、益鳥《えきちょう》（人間の役《やく》に立つ鳥）としてたいせつにされてきました。

ツバメが飛《と》んでくるころになると、去年《きょねん》、家の中につくった古い巣《す》にもどってこられるように、玄関《げんかん》の戸をあけはなって、ツバメの到着《とうちゃく》を待《ま》ちわびる家がたくさんありました。

そんな人びとのくらしを見て育《そだ》ったので、長い旅《たび》をつづけて渡《わた》ってくるツバメを、わたしは友だちとも、家族《かぞく》とも思っていたのです。

ツバメを春いちばんに見つけたときは、どんなにうれしかったことか……。

早くみんなに知らせたくて、朝ごはんをかっこむと、学校にいそいだものです。

教室に飛《と》びこむなり黒板《こくばん》をジロリ。なにも書かれていないと、まだだれもツバメを見ていない証拠《しょうこ》。いそいで黒板《こくばん》にツバメの絵をかき、自分の名前を書いておくのです。

いちばん乗《の》りのときは大とくい。しかし自分より早く見た人がいると、がっかりしたものです。

＊＊＊＊＊

人間とツバメとのつきあいは、古い時代《じだい》からあり、「つばくらめ」「つばくろ」とよばれていました。「つば」は光沢《こうたく》、「くら」や「くろ」は黒、「め」は鳥という意味《いみ》だという説があります。
長いつきあいのなかから、知恵《ちえ》やいましめのことわざがうまれました。たとえば、『ツバメが低空《ていくう》を飛《と》んでいたら、明日は雨』
低気圧《ていきあつ》が近づくと空気中の水蒸気量《すいじょうきりょう》がふえ、小さな昆虫《こんちゅう》たちはその湿気《しっけ》で羽が重《おも》くなり低《ひく》いところを飛《と》ぶようになります。ですから、これらをえさとするツバメも低《ひく》いところを飛《と》ぶようになるという説《せつ》です。
このほかにも、日本各地《かくち》には、ツバメと人びとのくらしが、深《ふか》くかかわっていたことを示《しめ》すことわざが、たくさんのこっています。
『ツバメの飛来《ひらい》早き年は豊作《ほうさく》』（ツバメが早くやってくる年は作物《さくもつ》がよくとれる）
『ツバメを殺《ころ》すと火事《かじ》になる』
『ツバメが家に巣《す》をつくると災《わざわ》いがない』
『ツバメが巣《す》をかける家は吉事《きちじ》がある』（ツバメが巣《す》づくりする家はよいことがおこる）
『ツバメが巣《す》をかける家は病人《びょうにん》がでない』
『ツバメの巣《す》が多いほど、その家は繁昌《はんじょう》する』（ツバメの巣《す》がたくさんある家は、富《と》み栄《さか》える）

また、ツバメは、スピードのシンボルとしても親しまれていました。

一九三〇年（昭《しょう》和《わ》五年）に東京駅《とうきょうえき》から神戸駅間《こうべえきかん》を走る特急列車《とっきゅうれっしゃ》に「燕《つばめ》」という愛称《あいしょう》がつけられて以来《いらい》、その愛称《あいしょう》がうけつがれて、現在《げんざい》では九州旅客鉄道《きゅうしゅうりょかくてつどう》（ＪＲ九州《ジェイアールきゅうしゅう》）の九州新幹線《きゅうしゅうしんかんせん》（新八代駅《しんやつしろえき》～鹿児島中央駅間《かごしまちゅうおうえきかん》）を走る新幹線列車《しんかんせんれっしゃ》につかわれています。

日本にはじめて新幹線《しんかんせん》が走ったとき、新幹線《しんかんせん》の夢《ゆめ》のような速《はや》さをつたえようと、新聞や雑誌《ざっし》には、新幹線《しんかんせん》とツバメとのスピード競争《きょうそう》の絵がのっていたものです。

＊＊＊＊＊

そうそう。子どものころ、よく遊《あそ》んだ「チャンバラごっこ」には、「ツバメ返《がえ》し」という技《わざ》がありました。剣豪《けんごう》、宮本武蔵《みやもとむさし》が目をとじて心をしずめ、近くに飛《と》んできたツバメをいっしゅんのひとふりで切り落《お》としたという技《わざ》です。

その技《わざ》をおぼえようと、「エイヤーッ！」と、木の枝《えだ》でつくった刀をふりまわしたものです。

このように、わたしが子どものころは、ツバメとの深《ふか》いつきあいがありましたから、人びとはなつかしい友だちや、遠くにでかけて

いる家族《かぞく》の帰りをむかえるような気持《きも》ちで、ツバメを待《ま》ちわびたのです。

しかし時代《じだい》がかわりました。農業《のうぎょう》の機械化《きかいか》がすすみ、やっかいな害虫《がいちゅう》を農薬《のうやく》で駆除《くじょ》するようになると、だんだんツバメとのつきあいもうすれてしまい、ツバメはもう、友だちでも、家族《かぞく》でもなくなってしまいました。

そればかりか、建物《たてもの》に巣《す》をつくり、建物《たてもの》をふんでよごすツバメは、やっかいものあつかいにさえなっているほどです。

これでは、子どもたちのツバメへの関心《かんしん》がうすれてしまうのも、むりはありません。

しかし、人びとの関心《かんしん》がうすれても、ツバメはあいかわらず渡《わた》ってきます。そして、環《かん》境《きょう》という、地球《ちきゅう》と、そこに生きる「いのち」にとって、いちばんたいせつなことを教えてくれます。このことを、子どもたちにも気づいてもらいたいと思いました。

わたしはザリガニつりをしている子どもたちに、声をかけました。

「なあ、きみたち。いよいよツバメが渡《わた》ってくる季節《きせつ》だよ。たまにはツバメの観察《かんさつ》もしてごらん。とってもおもしろいんだから。」

# 日本に渡《わた》ってくるツバメ

## ツバメ（イエツバメ）

●見られる地域《ちいき》：北海道《ほっかいどう》から九州《きゅうしゅう》の種子島《たねがしま》ぐらいまでの地域《ちいき》にやってくる。日本ではいちばんよく見られるツバメのなかま。

●特徴《とくちょう》：腹側《はらがわ》が白く、のどと額《ひたい》が赤い。尾羽《おばね》は長く切れこみがあり、2つに分かれている。
●全長《ぜんちょう》：約《やく》17 cm。
●巣《す》をつくる場所《ばしょ》：市街地《しがいち》やその周辺《しゅうへん》の農耕地《のうこうち》、河川敷《かせんしき》などにすみ、人家やビルなどの建物《たてもの》。巣《す》の形：おわん型《がた》。

## コシアカツバメ

●見られる地域《ちいき》：北海道《ほっかいどう》から九州《きゅうしゅう》、とくに西日本で多く見られる。
●特徴《とくちょう》：ツバメよりも少し大きく、腰《こし》の部分《ぶぶん》が赤い。

●全長《ぜんちょう》：約《やく》19 cm。
●巣《す》をつくる場所《ばしょ》：市街地《しがいち》やその周辺《しゅうへん》の農耕地《のうこうち》、河川敷《かせんしき》などにすみ、人家やビルなどの建物《たてもの》に巣《す》をつくる。巣の形：とっくり型《がた》。

## イワツバメ

●見られる地域《ちいき》：北海道《ほっかいどう》から九州《きゅうしゅう》にかけてやってくる。
●特徴《とくちょう》：腰《こし》が白く、ツバメよりもひとまわりからだが小さくて尾羽《おばね》も短《みじか》い。

●全長《ぜんちょう》：約《やく》15 cm。
●巣《す》をつくる場所《ばしょ》：平地《へいち》から山地にまですみ、海岸《かいがん》や山地の岩場や、建物《たてもの》などに巣《す》をつくる。巣《す》の形：深《ふか》いどんぶり型《がた》。

## ショウドウツバメ

●見られる地域《ちいき》：おもに北《ほっ》海道《かいどう》にやってくる。
●特徴《とくちょう》：からだはツバメよりも小さい。胸《むね》にT《ティー》字形の帯《おび》があり、尾羽《おばね》が浅《あさ》い凹形《おうがた》になっている。

●全長《ぜんちょう》：約《やく》13 cm。
●巣《す》をつくる場所《ばしょ》：水辺《みずべ》、農耕地《のうこうち》、草原などにすみ、川ぞいなどの崖《がけ》や土手《どて》などに横穴《よこあな》をほって巣《す》をつくる。

※このほかに、リュウキュウツバメとアマツバメがいますが、リュウキュウツバメは、1年じゅう、奄美諸島《あまみしょとう》や琉球諸島《りゅうきゅうしょとう》にすんでいるツバメで、渡《わた》りをしません。関東《かんとう》地方より西から四国《しこく》、九州《きゅうしゅう》にかけてすんでいるアマツバメは、ツバメ科《か》ではなく、アマツバメ科《か》のなかまです。
※全長《ぜんちょう》とは、鳥のくちばしの先端《せんたん》から尾羽《おばね》の先端《せんたん》までの長さのことです。

## ツバメの巣《す》材《ざい》集《あつ》め

わたしがサクラの観察《かんさつ》をつづけ、ぐうぜんツバメの悲《かな》しい初見《しょけん》をしたこの公園は、わが家から歩いて、わずか五分ほどの距離《きょり》にあります。周囲《しゅうい》は住宅地《じゅうたくち》にかこまれ、町にでかけるときは、いつもこの公園ぞいの道をとおって、バス通りにでます。

公園の中心には、直径《ちょっけい》が二十メートルほどの池がひろがり、池をとりかこむように、クヌギ、コナラ、ヤナギなどが木かげをつくり、公園をめぐる通路《つうろ》には、十数本のサクラが枝《えだ》をひろげています。

一周《しゅう》するのに五分もかからない小さな公園ですが、お花見をしたり、夏祭《なつまつ》りをしたり、つかれたからだを休めたり、周辺《しゅうへん》の住民《じゅうみん》にとっては、かけがえのないいこいの場所《ばしょ》です。

花びらをまき散《ち》らし、サクラ前線《ぜんせん》がすぎさると、サクラは一気に葉《は》ザクラにかわります。つづいてクヌギ、コナラ、ヤナギなどの木ぎも、つぎつぎに若葉《わかば》をひろげ、公園は緑《みどり》につつまれます。

六月のある朝、買《か》い物《もの》にでかけようと、バス通りに向《む》かいました。池のそばをとおったときです。スイーッと黒い影《かげ》がわたしの頭の上をかすめました。

黒い影《かげ》は、池の空でくるりと向《む》きをかえて急降下《きゅうこうか》。そして、ぱたぱた羽ばたきながら、せまい排水路《はいすいろ》にまいおりました。

(あっ、ツバメだ!)

この排水路《はいすいろ》は、雨が降《ふ》りつづいたとき、池からあふれだす水を川に流《なが》すための水路《すいろ》です。

ツバメは排水路《はいすいろ》わきの地面《じめん》をくちばしでせわしくつっつきながら、くちばしいっぱいにどろや枯《か》れ草《くさ》をくわえこんでいます。

(きっと、巣《す》づくりがはじまったんだ……。)

ツバメはどろ集《あつ》めにむちゅうです。おどろいたことに、わたしが排水路《はいすいろ》のすぐそばまで近づいても、ツバメは逃《に》げようともしません。

排水路《はいすいろ》で巣《す》の材料《ざいりょう》のどろを集《あつ》めるツバメ。
どろをくずれにくくするために枯《か》れ草《くさ》をまぜ、つばでねりあわせる。

くちばしいっぱいにどろや枯《か》れ草《くさ》をくわえこむと、ツバメはパッと空に飛《と》びたち、矢のような速《はや》さで飛《と》びさっていきました。

巣材《すざい》を集《あつ》めるツバメをこんなに間近《まぢか》に見るなんて、めったにないことです。警戒《けいかい》されないようにからだを低《ひく》くして待《ま》っていると、また飛《と》んできました。

つぎつぎにツバメがやってきて、せまい排水路《はいすいろ》は二羽、三羽と鉢《はち》あわせ。オスもいます。メスもいます。

こんなに間近《まぢか》で、入りみだれながらどろ集《あつ》めをしているのを見たのははじめてです。わたしの足は、その場にくぎづけ。

(これはおどろいた!)

コーギー犬をつれたおばあさんが近づいてきました。排水路《はいすいろ》をのぞきこんで、

「あらあら。ツバメさん、なにをしているのかしらねぇ。」

「巣《す》の材料《ざいりょう》にどろを集《あつ》めているんですよ。」

「そういえば、ツバメの巣《す》はどろだものね。あらあら。くちばしをどろだらけにして……。」

「集《あつ》めたどろを壁《かべ》にくっつけて、おわんのような形にしていくんですよ。」

「あら？　ツバメさん、枯《か》れ草《くさ》もくわえているわよ。」

「枯《か》れ草《くさ》も巣《す》の材料《ざいりょう》です。どろだけだと、かわくとぼろぼろになって、くずれてしまうから、そうならないように、つなぎに枯《か》れ草《くさ》をまぜて、つばでよくこねあわせるんですよ。」

おばあさんは、目をまるくして、

「それじゃ、まるで壁《かべ》ぬりですねぇ。」

「壁《かべ》そのものですよ。枯《か》れ草《くさ》が見つからないときは、ビニールひもなんかもまぜることがあるんですよ。」

「そんな知恵《ちえ》、人間から学んだのかしらねぇ。」

わたしは笑《わら》いながらこたえました。

「いや。人間のほうがツバメから学んだのかもしれないですよ。」

コーギー犬は、しっぽをふりながら排水路《はいすいろ》をのぞきこんでいます。

おばあさんはひもをひきながら、

「ほえるんじゃないわよ、ジョン！」

コーギー犬はちらりとおばあさんをふり向《む》くと、また排水路《はいすいろ》をのぞきこんでいます。

「今朝はツバメさんにいいものを見せてもらったわ。どうもおじゃましました。」

「いいえ、いいえ。」

せまい排水路《はいすいろ》に、ツバメがつぎつぎとまいおりてきます。めずらしいツバメの行動《こうどう》が見られるのですから、なかなかその場をはなれる気になれません。

とうとう乗《の》ろうと思っていたバスに乗《の》りおくれてしまいました。

(買《か》い物《もの》は明日だ。そうだ、写真《しゃしん》に撮《と》っておこう。)

わたしはカメラをとりに、いそいで家にもどりました。

どろをくわえて飛《と》びさるツバメ。

# ツバメの巣《す》づくり

## 1. 場所《ばしょ》をさがす

安全《あんぜん》で、どろがつきやすい場所《ばしょ》をさがす。古い巣《す》を、修理《しゅうり》してつかうこともある。

## 2. どろで足場をつくる

ちょうどいい場所《ばしょ》に、飛《と》びながらどろをぬって、足場をつくる。

## 3. 足場をひろげる

飛《と》びながら、足場を横《よこ》にのばしていく。若鳥《わかどり》は、この作業《さぎょう》をなかなかうまくできない。

## 4. 巣《す》の土台をつくる

足場にへばりつくようにしてとまり、巣《す》の土台（底《そこ》）をつくっていく。尾羽《おばね》を支《ささ》えにしてじょうずにとまることができる。

## 5. どろを積《つ》み重《かさ》ねる

巣《す》のへりにくちばしでどろを積《つ》み重《かさ》ねていって、だんだんおわんの形にしていく。

## 6. 中に羽毛《うもう》や枯《か》れ草《くさ》をしく

集《あつ》めてきた枯《か》れ草《くさ》や羽毛《うもう》をしきつめ、すわりごこちをたしかめて完成《かんせい》。

# ツバメの巣《す》さがし

つぎの日も、そのつぎの日も、ツバメの巣材集《すざいあつ》めがつづいています。どろをついばんでは飛《と》びたち、巣材集《すざいあつ》めは朝から夕方までつづいています。排水路《はいすいろ》にまいおりるツバメの数や、飛《と》んでくる間隔《かんかく》からみて、公園の周囲《しゅうい》でかなりの数の巣《す》がつくられているだろうと思われます。

ツバメは空を飛《と》びながら、巣《す》をつくるのに安全《あんぜん》な場所《ばしょ》をさがします。気に入った場所《ばしょ》を見つけると、ツバメは飛《と》びながら、壁《かべ》にどろをこすりつけて足場をつくります。足場を横《よこ》にのばし、その上にどろを積《つ》み重《かさ》ねていき、おわんのような形につくりあげます。かわいたとき、巣《す》がぼろぼろにくずれないように、口の中でどろと枯《か》れ草《くさ》をまぜあわせ、さらにだ液《えき》でこねあげながらこすりつけていき、一週間ほどかけて巣《す》を完成《かんせい》させます。

子どものころ、わたしの家にも毎年ツバメがやってきました。

ツバメが巣《す》をつくりはじめると、いつもゆり起《お》こされても起《お》きない朝ねぼうのわたしが、だれよりも早く起《お》きて、ツバメがいつでも外に飛《と》びだせるように、玄関《げんかん》の開《あ》け閉《し》め係《がかり》。そして学校からもどると、まっさきにつくりかけの巣《す》をたしかめ、つづきをあきずに見まもりました。

できあがった巣《す》に、メスがうずくまっているのを見たときは、こんどはいくつたまごを産《う》んだのか気がかりでしかたがありません。

「人間のにおいがつくと巣《す》をすててしまうから、巣《す》に近づいてはいけない。たまごやひなには、ぜったい手をふれてはならない。」と、父にかたくいわれていました。だからどんなに巣《す》をのぞいてみたくても、じっとがまんをしたものです。

しかし、いちどだけ、父の忠告《ちゅうこく》をやぶったことがあります。

ある日、学校から帰ると、一羽のひなが土間《どま》でバタバタしています。巣《す》からころげ落《お》ちたようです。このままでは死《し》んでしまいます。

わたしは人間のにおいがつかないように手に手袋《てぶくろ》をし、そっとひろいあげ、ふみ台にのぼって、ひなを巣《す》にもどしてやりました。

（においがついてしまったかな……？）

心配《しんぱい》しながら巣《す》を見まもっていると、もどってきた親鳥の羽音に気づいて、ひなはピーピーピー。親鳥は、なにごともなかったように、そのひなにもえさをあたえています。

（よかったぁ。）

そして、そのひなが無事《ぶじ》に巣立《すだ》っていったときのうれしかったこと！

あのときの喜《よろこ》びは、いまでもはっきりとおぼえています。

（そうだ。ツバメの巣《す》をさがしてみよう。）

ひんぱんにやってくるツバメの数から考えて、きっと近くの家に、たくさん巣《す》があるにちがいありません。

ねらい目は、玄関《げんかん》のおくまったところや、ひさしの下あたりです。しかし、いきなりじろじろ双眼鏡《そうがんきょう》でながめたりすると、その家の人に失礼《しつれい》になります。

そこで考えた巣《す》さがし作戦《さくせん》は、

①まず、少しはなれた場所《ばしょ》から、ツバメが出入りしている家をさがす。

②ツバメが出入りする家を見つけたら、双眼鏡《そうがんきょう》で巣《す》をさがす。

③観察《かんさつ》にちょうどよい場所《ばしょ》にあったら、その家の人にお願《ねが》いして、巣《す》を見せてもらう。

ショルダーバッグにメモ用のノートとカメラを入れ、双眼鏡《そうがんきょう》を首にぶらさげて、いざ出陣《しゅつじん》！　ひさしぶりにじっくり観察《かんさつ》できると思うと、心がうきうきわくわく。すっかり子どもにもどった気分です。

さっそく池の近くの家のまわりを見まわってみました。しかし、どうしたものか、ツバメが出入りする家は見つかりません。

さがす範囲《はんい》をひろげてみることにしました。

どろをついばんだツバメが、一直線に飛《と》びさっていった方向《ほうこう》を思いだし、それを手がかりに、テクテク、テクテク……。となりの地区《ちく》、さらにその先の地区《ちく》へと足をのばしてみましたが、やっぱり巣《す》は見つかりません。

（見落《お》としたのだろうか……。

それとも、住宅《じゅうたく》に巣《す》をつくらなくなったのだろうか……。）

歩きまわったせいか、のどもからからです。自動販売機《じどうはんばいき》で買った缶《かん》コーヒーを飲《の》んで、やっと元気がもどりました。

ツバメの気配《けはい》をさがそうと空を見あげていると、

「おじさん、なにさがしているの?」

ふり向《む》くと、学校帰りの小学三年生ぐらいの女の子が三人、じーっとわたしを見つめています。その目は、あきらかにわたしを警戒《けいかい》しているようです。

(しまった。あやしい人だと思われたのかもしれない……。)

わたしは少しあわてて、

「ツバメの巣《す》だよ。」

「ツバメの巣《す》?」

「そう。ちょうどいまごろはね、ツバメが巣《す》をつくっているまっ最中《さいちゅう》のはずなんだ。」

「なーんだ。どろぼうかと思っちゃった。ねえ。」

やっとうたがいがはれたようです。三人は、顔を見あわせながら笑《わら》いました。

「それじゃ、見つけたぁ?」

「それが、まだひとつも見つからないんだ。どろをくわえてこっちの方角に飛《と》んできたはずなのになあ……。そうだ、きみたち。どっかでツバメの巣《す》を見なかったかい?」

女の子は目をかがやかせて、こたえてくれました。

「ツバメの巣《す》なら学校にあるよ。図書室の窓《まど》の上のほうに、つくっているよねぇ。」

「うん、二つね。」

「ちがうわ、三つよ。いってみたら?」

たしかなようです。

「よし。すぐいってみよう。ありがとうね。」

女の子たちと別《わか》れると、わたしはさっそく小学校にいってみました。

玄関《げんかん》わきで花だんの手入れをしていた先生に、わけを話すと、

「つくってますよ。どうぞどうぞ。」

「図書室の上のほうといっていましたが……。」

「ええ、三階《かい》の図書室の軒先《のきさき》です。中庭《なかにわ》からも見えますよ。」

中庭《なかにわ》にでて校舎《こうしゃ》を見あげ、巣《す》をさがしました。

ありました! たしかに三つです。おわん型《がた》ができあがっているところをみると、巣《す》はほぼ完成《かんせい》しているようです。

ときどきツバメが飛《と》んできては巣《す》のへりにとまり、くちばしをこすりつけては、また飛《と》びたっていきます。

双眼鏡《そうがんきょう》でのぞいてみると、二つの巣《す》はもうすぐ完成《かんせい》。ひとつの巣《す》からは、尾羽《おばね》がはみで

ています。少し頭も見えます。メスでしょう。どうやらこの巣《す》は、去年《きょねん》の巣《す》を修理《しゅうり》してつかっているらしく、もう、たまごをあたためはじめているようです。

残念《ざんねん》なことに、中庭《なかにわ》からでは遠すぎます。せっかく子どもたちに教えてもらったツバメの巣《す》なのに、これ以上観察《いじょうかんさつ》をつづけることはあきらめることにしました。

そろそろ夕方です。ツバメの巣《す》さがしは、今日はこれできりあげました。

わたしの初見日《しょけんび》から六十六日後。六月十九日のことでした。

帰りをいそぎながら考えました。

(どうして住宅《じゅうたく》には巣《す》が見つからないのだろう……。

むかしは農家《のうか》にたくさんやってきていたし、わが家にだってきていたのに……。)

ふと、十年ほどまえに、わが家でおこったツバメ事件《じけん》を思いだしました。

「あなた、きてみて。」

四月のある日、玄関《げんかん》から妻《つま》の声がしました。

「なに?」

そーっとドアをあけながら、

「ほら、玄関灯《げんかんとう》にツバメがきているわ。」

外をのぞいてみると、わが家の玄関灯《げんかんとう》の上に、二羽のツバメがとまっています。

「つがいのようだな。」

ツバメはおどろくようすもなく、きょろきょろわたしを見おろしています。

「どうやら玄関灯《げんかんとう》の上に巣《す》をつくるようだなぁ。」

「ふんだらけにならないかしら……。」

「いいじゃないか、せっかくきてくれたんだ。」

つぎの朝、ドアをあけてそっとのぞいてみると、玄関灯《げんかんとう》の上にどろがぬりつけられています。予想《よそう》どおり巣《す》づくりがはじまったようです。

玄関灯《げんかんとう》の下にはふん受《う》けの箱《はこ》をおき、ツバメをびっくりさせないように、ドアの開《あ》け閉《し》めはそっとそっと。少しきゅうくつなくらしになりましたが、わが家からひなが巣立《すだ》つと思うと、わくわくしてきます。

一週間ほどで巣《す》ができあがりました。メスが巣《す》にうずくまっています。もうたまごを産《う》み、あたためはじめたようです。

「何個《なんこ》、たまごを産《う》んだかしら……。」

「せいぜい四、五個《こ》かなぁ。」

「何日ぐらいでひながかえるのかしら。」

「二週間くらいだろうな。」

大きくくちばしをあけ、親鳥にえさをねだるひなのすがたを思いうかべました。

ところがたまごをあたためはじめて三日めの朝のことです。玄関《げんかん》から、ピーーッ　ピーーッ！　というけたたましいツバメの鳴き声が聞こえてきました。

バタバタッという羽ばたきとともに、ドンというドアにぶつかる音。

（どうしたんだろう……。）

わたしはあわてて玄関《げんかん》のドアをあけました。そしてアッと息《いき》をのみました。

巣《す》がかけ落《お》ちて、そこに親ツバメのすがたはありません。玄関灯《げんかんとう》の下には、ぼ

玄関灯《げんかんとう》にとまるツバメのつがい。つぎの日から、玄関灯《げんかんとう》の上に、皿《さら》のような巣《す》をつくりはじめた。

ろぼろにくだけた巣《す》のかけらと、おしつぶされたたまごがひとつ落《お》ちていました。

よく見ると、わずかですが、玄関灯《げんかんとう》に血《ち》がこびりついています。あらそったあとです。

さわぎに気づいて、妻《つま》もかけつけました。

「たいへん！　ネコにおそわれたのかしら？」

「いや、カラスにちがいないよ。」

そのころから、日本じゅうでカラス被害《ひがい》がひろがっていました。群《む》れをなして繁華街《はんかがい》や住宅地《じゅうたくち》におしよせ、ごみを食いちらかしたり、うっかり巣《す》に近づこうものなら、頭めがけて空からおそいかかってきます。

ほかの鳥にとってもやっかいです。おいかけられたり、巣《す》をおそわれてたまごをうばわれたりしています。

この荒《あ》らされようは、カラスのしわざにちがいないと思いました。

「かわいそうにね。」

「ひさしの下とはいえ、ここは空から見えやすいからなあ。」

ひなの誕生《たんじょう》を楽しみにしていたのに、残念《ざんねん》でしかたありません。

ここは危険《きけん》だと気づいたのでしょうか、それ以来《いらい》、わが家にはいちどもツバメはすがたを見せません。

わが家でおきたツバメ事件《じけん》を思いだしているうちに、ツバメが住宅《じゅうたく》に巣《す》をつくらなくなった原因《げんいん》のひとつがうかびあがってきました。

巣《す》をつくるとき、ツバメはまず、カラスなどの敵《てき》の目につかないところにつくろうとします。そして、つくった巣《す》がくずれ落《お》ちてしまわないように、どろがよくこびりつく、ざらざらした壁《かべ》などをえらんで巣《す》をつくります。

そんな条件《じょうけん》が、いまの住宅《じゅうたく》にそろっているでしょうか。

むかしの家は凹凸《おうとつ》が多く、屋根《やね》や窓《まど》にはひろいひさしがのびていました。ところがいまの家のつくりはほとんどが洋風《ようふう》で、凹凸《おうとつ》が少なく、「ひさしが浅《あさ》い」のが特徴《とくちょう》です。

ひさしがせまいと、さえぎるものがなく、せっかくつくった巣《す》が、カラスにまる見えになってしまいます。

もうひとつは、家の壁《かべ》をつくる材料《ざいりょう》の変化《へんか》です。

むかしの家は、木材《もくざい》やしっくいなどで壁《かべ》をつくっていました。ところがいまの家は、カビやよごれがつかないように、ペンキやビニール塗料《とりょう》などでつるつるに塗装《とそう》されています。

これでは巣《す》をつくろうとしても、どろがこびりつきにくく、せっかくつくった巣《す》が、くずれ落《お》ちてしまいます。

そう考えると、ツバメが住宅《じゅうたく》に巣《す》をつくらなくなったわけがわかるような気がします。

住宅地《じゅうたくち》にすみつくカラス。ツバメの巣《す》をおそうことがある。

# よごれた池もビオトープ

六月下旬《げじゅん》。どろ集《あつ》めに排水路《はいすいろ》にまいおりるツバメは、ほとんどいなくなりました。ときどき、池の上空を飛《と》ぶすがたを見かけるだけです。

どうやら巣《す》づくりもおわったようです。ツバメはたいてい年に二、三回ほどたまごを産《う》みます。きっとどの巣《す》でも一回めのたまごを産《う》みおわり、たまごをあたためはじめているころでしょう。

今年も池のわきに、ハナショウブが咲《さ》きはじめました。近くのお年よりたちが、たんせいこめて育《そだ》てあげたショウブ園です。

わたしは、ハナショウブを見に、ひさしぶりに池にいってみました。

ショウブ園は、排水路《はいすいろ》のすぐわきにあります。教室の半分もない小さな畑《はたけ》を、白、むらさき、黄など、色とりどりのハナショウブが、ぎっしりとうめつくしています。

花を楽しみながら、通路《つうろ》をめぐっているときです。

池の上空を旋回《せんかい》するツバメ。

とつぜん上空から、せわしい鳥の鳴き声が聞こえてきました。

チュビッ　チュピチュビッ

ツバメの声です。

見あげると、数羽のツバメが、池の上空を飛《と》びまわっています。ぐるりと円をえがくように旋回《せんかい》したと思うと、水面《すいめん》に向《む》かって急降下《きゅうこうか》。水面《すいめん》すれすれを横切《よこぎ》ったと思うと、上空に向《む》かって急上昇《きゅうじょうしょう》。きっと、飛《と》んでいる虫をおいかけているのでしょう。

ここのツバメの食《た》べ物《もの》は、トンボやガガンボ、ユスリカなどの、池の空を飛《と》んでいる昆虫《こんちゅう》です。ツバメは矢のようなスピードで上空を旋回《せんかい》し、えものを見つけると、上空から低空《ていくう》へ、低空《ていくう》から上空へと、すばやくからだをひるがえしながらおいかけます。そして飛《と》びながらくちばしでパクリ。

腹《はら》いっぱい食べおわると、ツバメはやはり矢のようなスピードで、どこかへ飛《と》びさっていきました。

十分おきぐらいに、ひっきりなしにツバメが飛《と》んできます。どうやら、この池の上空は、ツバメのえさ場になっているようです。

しかし……。

池の底《そこ》がまったく見えないほどに水がよごれ、とても生《い》き物《もの》がすめるとは思えないこの池に、たくさんのツバメのいのちを支《ささ》えるだけの虫がすんでいるだろうか……。

わたしがこの町にすむことになったのは、三十年ほどまえです。ひっこしてきた当時は、この池は地下からこんこんとわきでる水で満《み》たされ、水は池の底《そこ》まで見えるほどすみきっていました。

わたしはそのころ観察《かんさつ》していなかったのですが、むかしからこの町にすんでいる人の話では、この池には清流《せいりゅう》にすむメダカやフナ、アマゴがたくさんすんでいたそうです。ところが十数年まえから地下水の流《なが》れが少なくなり、いつしか水がよごれるとふえる藻《も》の一種《いっしゅ》、アオコがただよう、よごれきった水になってしまったのです。

水のよごれをふせぐために、水を循環《じゅんかん》させる装置《そうち》や、浄化装置《じょうかそうち》をそなえたボートをうかべています。しかし池の水はいっこうにすんではきません。

こんな池ですから、きれいな水をこのむメダカはもちろん、フナもアマゴもいません。池にすみついているのは、三羽のアヒルと数十匹《ぴき》のコイ、数百匹《ぴき》をこえるカメ、それに、ときどきやってくるカルガモくらいしかわたしは知りません。

そのカメといえば、以前《いぜん》は、日本産《さん》のクサガメやイシガメがすんでいました。しかし、心ないだれかが飼育《しいく》しきれなくなってすてた外国産《さん》のペットのカメ（ミドリガメ）がふえつづけ、いつしか、もとからすんでいた日本産《さん》のカメはすっかりすがたを消《け》してしまいました。

そんなわけで、わたしは、この池は自然観《しぜんかん》察《さつ》にはむかない池ときめつけていたのです。

池にすみついているアオクビアヒル。マガモ（オス）と見分けがつきにくい。

カルガモ。ときどき数羽の群《む》れで、池に飛《と》んでくる。渡《わた》りはしない。

それなのに、どうしてたくさんのツバメが集《あつ》まってくるのだろう……？

ふしぎに思い、池のまわりを調《しら》べてみました。

草むらで、カナブンを見つけました。テントウムシも見つけました。チョウやガの成虫《せいちゅう》や幼虫《ようちゅう》も見つけました。ショウブの茎《くき》を、カタツムリがのぼっていきます。

水面《すいめん》に目をうつしました。排水口《はいすいこう》のまわりには、アメンボが群《む》れをつくって泳《およ》ぎまわっています。

水面《すいめん》すれすれを、ガガンボやカゲロウ、シオカラトンボやコシアキトンボなど、数えきれないほどの昆虫《こんちゅう》が飛《と》びまわっています。よく見ると、池の上空もトンボでいっぱいです。なわばりあらそいをしているのでしょうか、ほかのトンボをおいかけまわしているトンボもいます。

小さなガが、ひらひらと池にまぎれこんできました。すると、スーッとシオカラトンボが近づいて、あっというまに足

浅瀬《あさせ》にのぼり、日なたぼっこをするミドリガメ。そばを飛《と》んでいるのは、コシアキトンボ。

にかかえこんでしまいました。

きれいな水をこのむ生《い》き物《もの》はすがたを消《け》してしまいましたが、かわりにアオコなどでよごれた水でも生きていける生《い》き物《もの》がすみつき、さらにそれらを食べる生《い》き物《もの》がすみついていたのです。

なぞがとけました。よごれきったこの池も、さまざまな生《い》き物《もの》のいのちを支《ささ》えるビオトープ（さまざまな自然《しぜん》の生《い》き物《もの》のすみか）だったのです。

そうわかると、このよごれた小さな池に、急《きゅう》に興《きょう》味《み》がわいてきました。

もっとくわしく観察《かんさつ》すれば、池はちがう顔も見せてくれるかもしれません。そこでわたしは、明日から三日間、この池にはりついて、観察《かんさつ》してみようと思いたちました。

# 一日じゅう池にはりついて……池の定点《ていてん》観察《かんさつ》

## 《一日め》六月二十五日―晴れ―

朝の五時ごろ、公園にでかけてみました。

でかけたといっても、公園はわが家からゆっくり歩いても五分もかかりません。

そんなに近くにある公園なのに、生《い》き物《もの》の観察《かんさつ》には適《てき》さない場所《ばしょ》ときめつけ、ほとんど足をはこんだことはありません。

わざわざ公園にでかけるのは、サクラの季節《きせつ》、ショウブの季節《きせつ》、それにお盆《ぼん》のころ、広場でおこなわれる夏祭《なつまつ》りのときぐらいのものです。

なだらかな坂《さか》をテクテクくだり、四つ角を左にまがって五十メートルほどすすみ、池につきました。

1羽の大きな鳥が、日の出とともに飛《と》んできた。

まず、池全体《ぜんたい》を見わたせる広場側《がわ》にまわり、ベンチに腰《こし》をおろしました。

東の空は、朝焼《あさや》けで赤くそまっています。残念《ざんねん》ながら、家なみにさえぎられて、日の出を見ることはできません。

公園は、まだしずまりかえったままです。

五時半。やっと太陽《たいよう》がのぼってきました。

朝焼《あさや》けを背景《はいけい》に、池はボートもヤナギの木も、なにもかもがシルエット。

きれいなながめです。神秘的《しんぴてき》ともいえるながめです。

『早起《お》きは三文《もん》の得《とく》』とは、まさにこのことです。

六時を少しまわったとき、またひとつ、おどろきがやってきました。まだ暗《くら》さがのこる池に、ひろげた翼《つばさ》が二メートルちかくありそうな大きな鳥が、音もなくまいおりてきました。

（なんだろう……。）

目を細めてたしかめようとしましたが、わたしの目が悪《わる》いせいか、よく見えません。はっきりわかるのは、シルエットの輪郭《りんかく》だけです。

ふわりと岸辺《きしべ》にまいおりた鳥は、警戒《けいかい》するようにあたりを見まわしてから、にょきにょきのびるような感《かん》じで足をはこびながら歩きまわり、水面《すいめん》をのぞきこんでいます。

S《エス》字にまがった長い首。長い足。長いくちばし。その特徴《とくちょう》から、サギのなかまにちがいないと思いました。

池に光がさしこんだとき、やっと黒いベールをぬぎました。それはアオサギでした。近くの森の沼《ぬま》に、アオサギがすみついていることは知っていました。でもこんな住宅地《じゅうたくち》にあるよごれた池に、しかも、まだ暗《くら》いうちに飛《と》んでくるとは、まったくのおどろきでした。

アオサギは岸辺《きしべ》を歩きまわりながら、すばやく池にくちばしをつっこんでは、小魚をのみこんでいます。

（あ、小魚もすんでいるんだ……。）

小魚をつかまえたアオサギ。

アオサギのおかげで、コイ以外《いがい》にもよごれた水でも生きられる魚がすんでいることがわかりました。

朝の光が池一面《いちめん》をつつみこんだころ、アオサギは池の空にふわりとまいあがり、どこかへ飛《と》びさってしまいました。

気がつくと、急《きゅう》に池のまわりがさわがしくなりました。

キーキーッ　ギギーッ
けたたましい鳴き声をあげているのはオナガ。

チャチャチャッ　チュンチュンチュン
群《む》れになり、鈴《すず》のような声で鳴きあっているのはスズメ。

デデーポポーと、キジバトの声も聞こえます。

さまざまな鳴き声が入りまじり、公園全体《ぜんたい》が、すっぽり鳥の声につつまれてしまったようです。

いよいよ野鳥《やちょう》たちが活動《かつどう》をはじめる時間です。まもなくツバメたちも飛《と》んでくることでしょう。

池をめざして飛《と》んでくるツバメをいち早く見つけるには、空がひろくひらけている場所《ばしょ》がいいだろうと考え、わたしは排水路《はいすいろ》のある、池の反対岸《はんたいぎし》にまわりました。

反対岸《はんたいぎし》には、二本の大きなヤナギの木があります。三月のなかばになると、糸のようにたれさがっていた枝《えだ》に若葉《わかば》をのばし、そのあわい緑色《みどりいろ》が水面《すいめん》に影《かげ》を落《お》とし、夏には、すずしい日かげをつくってくれます。

ヤナギの木の下には、木の切《き》り株《かぶ》に似《に》せてつくった、コンクリート製《せい》の小さな切《き》り株《かぶ》が四つならんでいます。ここに腰《こし》をかけると、池を見るには柵《さく》がじゃまです。でも、さえぎるものがないので、ツバメを見はるには一等席《いっとうせき》です。わたしは切《き》り株《かぶ》に腰《こし》をどっかりおろしてツバメを待《ま》つことにしました。

アヒル用のえさ箱《ばこ》に群《む》れるスズメ。

目を細めて池を見わたすと、水面《すいめん》でも上空でも、音もなく、たくさんのトンボやガガンボが飛《と》びまわっています。

それにしても、ヤナギの木の下はなんとうるさいこと！　チュンチュン、ギーギーと、耳をふさぎたくなるほどのうるささです。

見あげると、葉《は》に見えかくれしながら、木の枝《えだ》はスズメでいっぱいです。てっぺんのほうにはオナガもいます。どうやらヤナギの木は、スズメやオナガのねぐらになっているようです。

腕時計《うでどけい》を見ました。もう六時半をすぎています。でも、まだツバメはすがたを見せません。

とつぜんスズメがパタパタと羽ばたきながら、つぎつぎと木の下にまいおりてきました。まいおりるというよりも、たれさがるヤナギの枝《えだ》をつたわって、すべりおりるといった感《かん》じです。

池のまわりにはりめぐらされた柵《さく》のすぐ内側《うちがわ》には、アヒルのえさ箱《ばこ》があります。えさ箱《ばこ》を見ると、スズメでいっぱいです。

足でえさをけちらしながらついばんでいます。つっついたり、背中《せなか》に飛《と》び乗《の》ったりして、えさをうばいあっています。そばで、アヒルがぼうぜんと見ています。

(これはおもしろい。これも三文《もん》の得《とく》のひとつかな……?)

かわいいしぐさをもっとよく見ようとからだを乗《の》りだしたとき、あやまってショルダーバッグの金具《かなぐ》が柵《さく》にふれてしまいました。

カーン!

スズメはいっせいに飛《と》びたち、ヤナギの木の枝《えだ》にもぐりこんでしまいました。

この朝、はじめにツバメがすがたをあらわしたのは、六時五十分を少しすぎたころです。チュビッ　チュピチュビッと鳴きながら、北東の方角から、スーッとすべるように一羽のツバメが池の空に進入《しんにゅう》し、円をえがくように旋回《せんかい》をはじめました。

えものを見つけたようです。急《きゅう》に身《み》をひるがえして方向転換《ほうこうてんかん》。スピードをあげて、一気に池の空を横切《よこぎ》りました。

それを合図のように、つぎつぎにツバメがやってきました。鳴き声が重《かさ》なって、ピュチピュチ　ピュチピュチと、なにかがはじけるように聞こえます。

よく見ると、長い尾羽《おばね》をもったオスもいます。尾羽《おばね》の短《みじか》いメスもいます。

数を数えようと思い、ツバメを目でおいました。しかし、わたしの目は、ツバメのスピードにはとてもおいつけません。

ヤナギの上空を飛《と》びかうツバメ。

野鳥《やちょう》の数を数えるには、便利《べんり》な方法《ほうほう》があります。野鳥《やちょう》のすがたを目でおいながら、指《ゆび》ですばやくカウンターをカチャカチャおしていくのです。

以前《いぜん》、年末《ねんまつ》にＮＨＫ《エヌエイチケイ》テレビで放送《ほうそう》される「紅白歌合戦《こうはくうたがっせん》」の最後《さいご》には、赤組に投票《とうひょう》する人と、白組に投票《とうひょう》する人の数を、瞬時《しゅんじ》に数えてしまう人たちが登場《とうじょう》していました。数えている人は、ふだんから野鳥《やちょう》の数を数える訓練《くんれん》をしている「日本野鳥《やちょう》の会」の会員《かいいん》や大学の野《や》鳥研究部《ちょうけんきゅうぶ》の学生たちです。とはいっても、練習《れんしゅう》をしたことがないわたしはできません。

（練習《れんしゅう》しておくべきだった……。）

数を数えるのは、あえなく断念《だんねん》。不正確《ふせいかく》な数を数えるより、じっくりツバメの行動《こうどう》を観《かん》察《さつ》することにしました。

せまい池の空を、数十羽のツバメが入りみだれながら旋回《せんかい》し、えものを見つけると、猛《もう》スピードで方向転換《ほうこうてんかん》。

上空から低空《ていくう》へ。低空《ていくう》から上空へ。右へ旋回《せんかい》をしたり、左へ旋回《せんかい》したり。ツバメどうしがよく衝突《しょうとつ》しないものだと、感心《かんしん》してしまいます。

およそ五分ほど池の上空を旋回《せんかい》しつづけると、ツバメは潮《しお》がひくように、つぎつぎと飛《と》びさっていってしまいました。

第二波《だいは》がやってきたのは、約《やく》二十分後でした。それが同じツバメなのかはたしかめようがありません。しかし、集《あつ》まる数がほぼ同じことから考えると、ツバメはひなが待つ巣《ます》とこの池の空を、行き来しているにちがいありません。

七時をすぎ、ツバメの第二波《だいは》がすがたを消《け》したころ、広場のほうから犬の鳴き声が聞こえてきました。うなりあう声も聞こえます。犬をつれて、近所《きんじょ》の人たちが散歩《さんぽ》にきているのでしょう。

ジージーと、アブラゼミが鳴きだしました。その鳴き声にこたえるように、ほかのセミも鳴きはじめました。

ジージー　ジージー

スズメのさえずりにかわって、ヤナギの木はアブラゼミの声につつまれました。

油《あぶら》がにえたぎる音のようなアブラゼミの鳴き声を聞いていると、からだからじわじわと汗《あせ》がにじみでてきそうです。

（もうすぐ六月もおわり。いよいよ夏到来《とうらい》か……。）

九時をすぎました。日差《ひざ》しが強くなり、少し動《うご》いただけで汗《あせ》ばむほどです。

# ハトの意外な素顔

クル クル クル クル
おおっ♥
仲良し～
あっ!!
パクッ
COF
スイッ
ツバメを待《ま》ち
ひと休み
していると……
ウマッ♥
バタ
バタ
あわわわわっ
バサササッ
バタタッ!
ガシッ
平和のシンボルが
聞いてあきれるよ…
ピュ
すごかった～
びっくりして
いっぱい コーヒー
こぼしちゃったよ…
ああ…
びっくり…

「チンチン。もうすぐですよ。がんばってー。」

若《わか》い女性《じょせい》の声が聞こえてきました。

ぺちゃくちゃと、幼《おさな》い子どもの声も聞こえてきます。

ふり向《む》くと、二、三歳《さい》の幼児《ようじ》たちが、ロープ電車にとりつけたつり輪《わ》につかまって、とことこと歩いてきます。三人の女性《じょせい》の保育士《ほいくし》さんがつきそっています。

どうやら、近くの保育園《ほいくえん》のお散歩《さんぽ》のようです。

「チンチン。ハイ、つきましたー。」

つり輪《わ》からはなれると、子どもたちはすべり台や砂場《すなば》にとことこ直行。思い思いに遊《あそ》びはじめました。

遊《あそ》びにあきると、池のまわりをとことこかけまわっておにごっこ。ときどき池をのぞきこんでは、カメやコイに話しかけています。

「カメさん、おいで。」

子どもたちのかわいいしぐさに、目を細めていると、チュビッ　チュビッと小さな鳴き声が聞こえてきました。

ツバメがもどってきました。池の空はツバメでいっぱいになりました。

今日は、上空にも水面《すいめん》近くにも、飛《と》んでいる虫がたくさん見えます。

一羽のツバメが、旋回《せんかい》をしながら、水面《すいめん》近くまでおりてきました。そして水面《すいめん》をなぞるように飛《と》びながら、くちばしをあけて、すいっと水をすくいあげました。水を飲《の》んでいるのです。水滴《すいてき》をこぼしながら上空にまいあがると、ツバメはまた飛《と》んでいる虫をおいかけはじめました。

バシャン！

水しぶきがあがりました。ツバメが池に飛《と》びこんだのです。水《みず》浴《あ》びです。ツバメはからだを水面《すいめん》にたたきつけるように飛《と》びこむと、水しぶきを飛《と》ばしながら上空にまいもどりました。

バシャン！　バシャン！

池のあちこちで、水しぶきがあがっています。まるでショーを見ているようです。

（うわぁ、これはすごい！）

水面《すいめん》にからだをたたきつけ……飛《と》びあがる！

いそいでカメラをかまえてパチリ！

保育士《ほいくし》さんが、わたしに声をかけてきました。

「あのツバメ、なにをしているんですか？」

「ああ、水浴《みずあ》びですよ。虫をおいかけながら、ときどきああやって水浴《みずあ》びをして、からだを冷《ひ》やしたり、からだについたダニやよごれを落《お》とすんですよ。」

「そうですか。ツバメって、ずいぶんきれいずきなんですね。」

「くちばしで水をすくいとって飲《の》むこともあるんですよ。」

「飛《と》びながらですか？」

「そう。飛《と》びながらです。」

保育士《ほいくし》さんは感心《かんしん》したように、

「ツバメって、ずいぶんきようなことをするんですねぇ。」

ツバメの体重《たいじゅう》はわずか十八グラムぐらいしかありません。これは百円玉（四・八グラム）の四枚《まい》分ほどの重《おも》さです。そんな軽《かる》いからだなのに、長くじょうぶな羽をもっていて、時速《じそく》二百

飛《と》びながら水を飲《の》むツバメ。水面《すいめん》すれすれを飛《と》びながら、くちばしで水をすくいあげる。

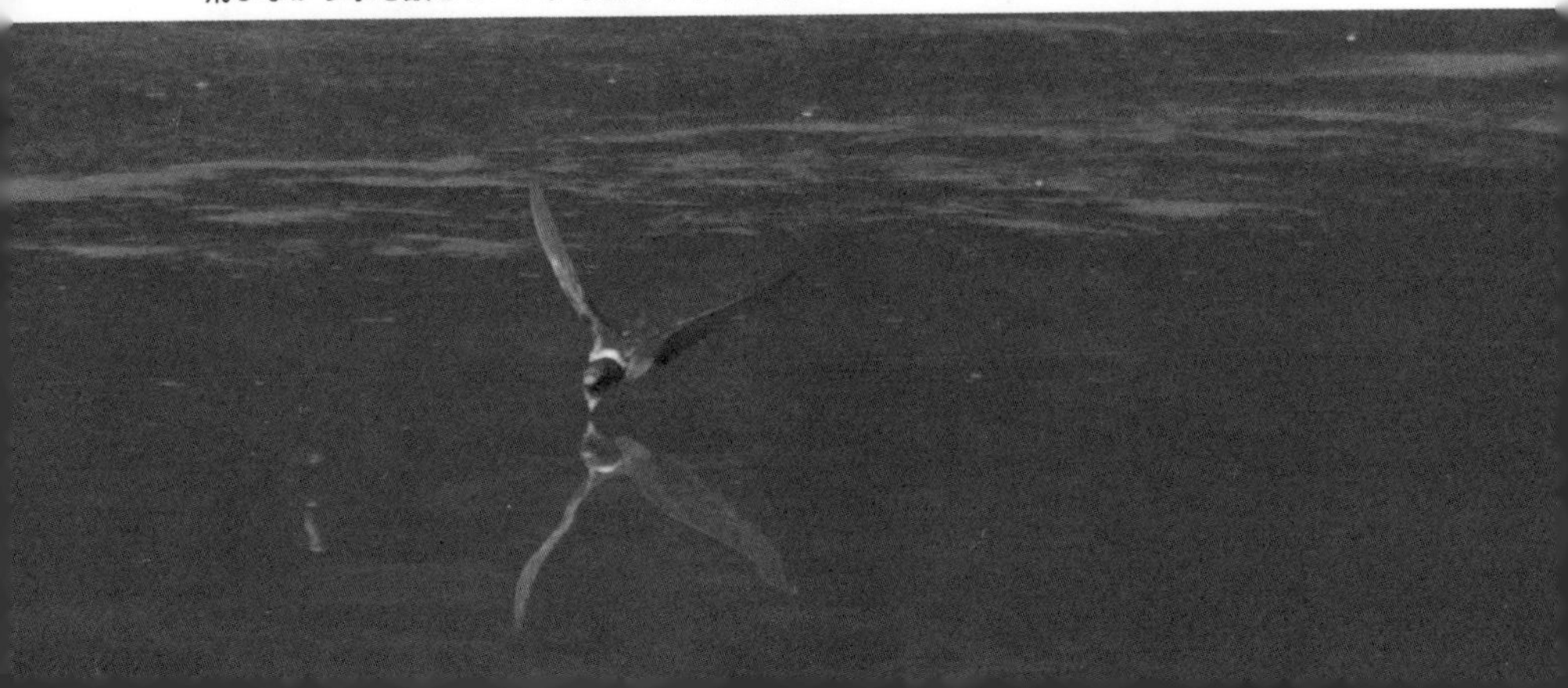

キロメートルという猛《もう》スピードで空を飛《と》んだり、すばやく身《み》をひるがえしたりします。だからえさをつかまえるのも、水浴《みずあ》びをするのも、飛《と》びながらです。そのかわり足が小さく、どろ集《あつ》めのとき以外《いがい》は、めったに地面《じめん》におりません。

バシャン！　バシャン！

また水しぶきがあがりました。保育士《ほいくし》さんは柵《さく》にしがみついて池をのぞきこんでいる男の子に近よって、

「ほら、見てごらん。ツバメさんがジャブジャブしてるよ。」

でも、子どもたちは柵《さく》にしがみついたまま知らん顔。カメにむちゅうです。

十一時をまわると、飛《と》んでくるツバメの数が急《きゅう》に少なくなり、お昼をすぎるころになると、回数も、ガクンとへってしまいました。

日中の暑《あつ》いさなかに飛《と》びまわると、体力が消耗《しょうもう》してしまいます。親鳥は暑《あつ》さをさけて、どこかで休けいしているのでしょう。

そこで、わたしも、お昼を食べに家にもどって、いったん休けい。

午後三時すぎに、ふたたび池に向《む》かいました。

池のまわりには、学校から帰った近所《きんじょ》の子どもたちが集《あつ》まっていました。広場でサッカーボールをけとばしている子どももいます。池のまわりで虫とり網《あみ》と、ペットボトルや、口のひろいビンをもった子どもたちもいます。柵《さく》のすきまから網《あみ》をのばし、なにかをすくいあげています。どうやらアメンボとりのようです。

にぎやかな子どもたちの声を聞き流《なが》しながら、わたしはツバメを待《ま》ちました。ツバメがやってきたのは三時半ごろでした。やはり午前中と同じぐらいの数です。入りみだれるように池の空を旋回《せんかい》し、えさをとりおわると、潮《しお》がひくように飛《と》びさってしまいました。

二十分ほどのあいだをおきながら、ツバメのえさ集《あつ》めは、午後六時すぎの日没《にちぼつ》間近《まぢか》までつづきました。

夕方うす暗《ぐら》くなると、スズメが群《む》れになってもどってきました。つぎつぎにヤナギの枝《えだ》の中に、すいこまれるように消えていきました。

# 池で見つけた野鳥《やちょう》たち 1

## スズメ
(スズメ目《もく》 ハタオリドリ科《か》)

全長は約《やく》14 cm。全《ぜん》国《こく》の人がすむ場所《ばしょ》に分布《ぶんぷ》している。夏には昆虫《こんちゅう》をよく食べ、秋から冬には草の種子《しゅし》などを食べる。木の上をねぐらにして、群《む》れになってくらし、人家や橋《はし》などの建造物《けんぞうぶつ》に巣《す》をつくる。

地上を歩くときは、ぴょんぴょんとステップするようにしてすすむ。

鳴き声＝さえずり（繁殖期《はんしょくき》）／チッ、チョン、ジュン

地鳴《じな》き（ふだん）／チュン、ジュジュ

## アオサギ
(コウノトリ目《もく》 サギ科《か》)

全長は約《やく》93 cm。日本で最《もっと》も大きいサギ。からだは灰色《はいいろ》で、成鳥《せいちょう》には、頭に黒いかんむりのようなかざり羽《ばね》がある。北海道《ほっかいどう》、本州《ほんしゅう》、四国《しこく》、九州《きゅうしゅう》で繁殖《はんしょく》する留鳥《りゅうちょう》。北の地方では、夏鳥《なつどり》。海岸《かいがん》や干潟《ひがた》、川、湖沼《こしょう》、水田《すいでん》などで、魚やカエルなどをとらえて食べる。ほかのサギ類《るい》と集団《しゅうだん》で繁殖《はんしょく》することもあるが、アオサギだけのコロニー（集団《しゅうだん》繁殖地《はんしょくち》）をつくることが多い。

鳴き声＝ゴアーッ

## オナガ
(スズメ目《もく》 カラス科《か》)

全長は約《やく》38 cm。頭が黒く、翼《つばさ》と長い尾羽《おばね》は水色。背《せ》と腹《はら》は灰色《はいいろ》。平地《へいち》や丘陵《きゅうりょう》の雑木林《ぞうきばやし》、市街地《しがいち》などにすみ、群《む》れで生活している。雑食性《ざっしょくせい》で、昆虫《こんちゅう》や木《こ》の実《み》などをよく食べる。

鳴き声＝ゲーイッ、グェーイ

キュルルルルと鳴くこともある。

## キジバト
(ハト目《もく》 ハト科《か》)

全長は約《やく》33 cm。首のわきに青と黒の模様《もよう》、背《せ》に黒と赤かっ色《しょく》のうろこ模様《もよう》があり、キジに似《に》ていることから、キジバトの名がついた。ヤマバトともよばれる。全国《ぜんこく》の町や林で繁殖《はんしょく》する留鳥《りゅうちょう》。おもに草の種子《しゅし》や木《こ》の実《み》を食べている。

木の枝《えだ》の上に小枝《こえだ》をくんで巣《す》をつくる。

鳴き声＝デデーポポー、デデーポポー

クルクルッとも鳴く。

## 《二日め》六月二十六日―晴れのちくもり―

朝、ツバメがやってくるのは、六時五十分ごろとわかったので、少し余裕《よゆう》をもって今朝は六時半ごろ公園の池にやってきました。

池はもう、朝の光につつまれています。

池を見わたすと、またアオサギがきています。長い足で岸《きし》を歩きまわりながら池をのぞきこみ、魚を見つけると、ねらいを定《さだ》めてサッ。長いくちばしをすばやく水中にさしこんで、魚をくわえこんでしまいます。

アオサギが空にまいあがりました。そして岸《きし》から柵《さく》の上へ。柵《さく》からボートの上へ。アオサギは、大きな羽をゆっくり羽ばたきながら、ふわりと飛《と》びう

柵《さく》にとまるアオサギ。アオサギの「アオ」は、日本の古いことばで灰色《はいいろ》のこと。

つります。

優雅《ゆうが》なアオサギのすがたに見とれていると、

「おはようございます。」

ふり向《む》くと、いつもお世話《せわ》になっている理髪店《りはつてん》のおばさんが、トレーナーすがたで立っていました。

「おはようございます。おや、ジョギングですか？　元気ですねぇ。」

おばさんはタオルで顔の汗《あせ》をぬぐい、照《て》れ笑《わら》いをしながら、

「もう年ねえ。すぐ息《いき》があがってしまうの。歩いてばかりだから、散歩《さんぽ》と同じですよ。」

おばさんはわたしの首にぶらさげたカメラを見つけて、

「なにを撮《と》っているんですか？」

照《て》れ笑《わら》いするのはこんどはわたしです。

「ツバメを観察《かんさつ》しているんですよ。ちょうどいまは子育《こそだ》てのまっ最中《さいちゅう》だから、えさ集《あつ》めにたくさん集《あつ》まってくるんですよ。」

「もう、そんな季節《きせつ》になったんですねぇ。」

しばらくおしゃべりをして、おばさんが走りさってしばらくたつと、チュビッ　チュピ

チュビッと鳴きながら、背後《はいご》からスイーッと一羽のツバメがあらわれ、池の空を旋回《せんかい》しはじめました。

それを合図に、東の方向《ほうこう》から、西の方向《ほうこう》からとツバメはつぎつぎにあらわれ、池の空はツバメでいっぱいになりました。今日の第《だい》一波《ぱ》です。気のせいか、ツバメの数が、昨日《きのう》よりも多いように思いました。

虫をおいかけるもの、おくれて飛《と》んでくるもの、虫をとらえてもどっていくものと、入りみだれながら飛《と》んでいます。そして五分ほどたつと、ツバメは一羽のこらずすがたを消《け》してしまいました。

ツバメのすがたをおいながら、ふと、ふしぎなことに気づきました。

ツバメはふだんは集団《しゅうだん》をつくらない鳥です。集団《しゅうだん》になるのは、たまごから生まれてまもない幼鳥時代《ようちょうじだい》と、渡《わた》りのときだけです。

それなのに、一見、集《あつ》まってくるツバメが集団《しゅうだん》のように見えるのは、かぎられたえさ場で、鉢《はち》あわせになるからかもしれません。そして潮《しお》の満《み》ち干《ひ》のような波《なみ》ができるのは、一日の子育《こそだ》ての周期《しゅうき》にあわせて巣《す》とえさ場の往復《おうふく》をくりかえしているうちに、自然《しぜん》にリズムがうまれたからでしょう。

（ツバメはどうやって虫をとらえているのだろうか……。）

じっくりたしかめたいと思ったのですが、ツバメはスピードが速《はや》いし、上空を飛《と》ぶ虫は小さいので、とらえる瞬間《しゅんかん》を肉眼《にくがん》でたしかめることはできそうもありません。しかし、ツバメの動《うご》きを注意深《ちゅういぶか》く観察《かんさつ》していれば、なにか手がかりが見つかるかもしれません。

そんなとき役《やく》に立つのが倍率《ばいりつ》の低《ひく》い（八〜十倍《ばい》）双眼鏡《そうがんきょう》です。これだとツバメをほどほどの大きさでとらえ、動《うご》きの変化《へんか》をおいかけることができます。わたしはバッグから双眼《そうがん》鏡《きょう》をとりだし、第二波《だいには》を待《ま》ちました。

チュピッ　チュピチュピッ

きました。第二波《だいには》です。

やはりツバメの数が多くなっています。去年《きょねん》生まれたつがいになるまえの若鳥《わかどり》や、ひなにあたえるえさをとりに、オスもメスも飛《と》んできたのでしょう。

わたしはいそいで双眼鏡《そうがんきょう》を目にあて、ツバメのすがたをおいました。

しかし目うつりがして、どのツバメにしようかと迷《まよ》っているうちに、ツバメは飛《と》びさってしまいました。失敗《しっぱい》です。でも、飛《と》び方がいっしゅん変化《へんか》することがわかりました。

どうやら、そのいっしゅん変化《へんか》をするときに虫をとるタイミングがありそうです。

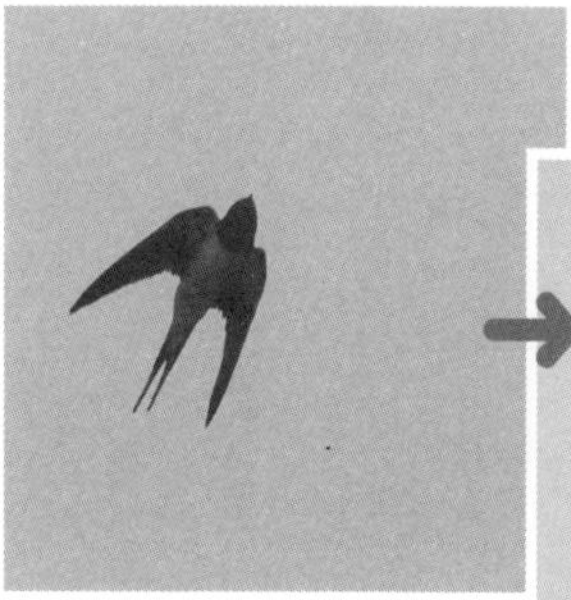

ねらいを定《さだ》め、スピードをあげ、急上昇《きゅうじょうしょう》するツバメ。

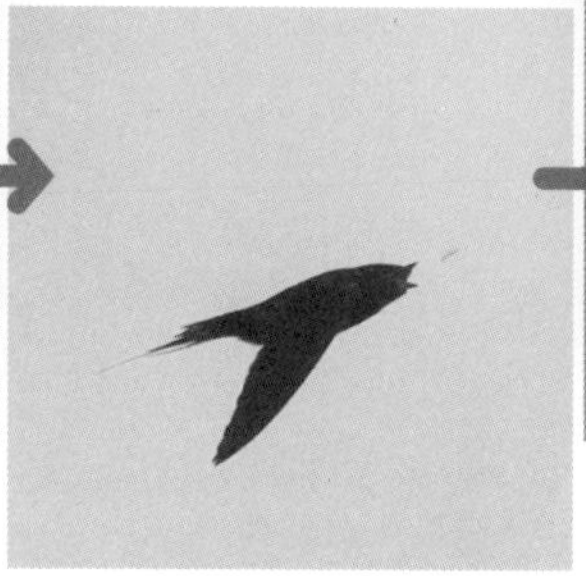

身《み》をひるがえし虫をとらえる。

ふたたび、池の上空を旋回《せんかい》しはじめたツバメ。

第《だい》三波《ぱ》、第《だい》四波《は》と双眼鏡《そうがんきょう》を目にあてておいかけているうちに、だんだん目がなれてきました。タイミングをつかむコツもわかってきました。

飛《と》んでいる虫を見つけると、ツバメは飛《と》び方をさまざまに変化《へんか》させます。

池の上空を、円をえがくように旋回《せんかい》しているうちに、

①とつぜんスピードをあげて、まっすぐに飛《と》ぶ＝前方を飛《と》ぶ虫をおいかける。

②とつぜん上昇《じょうしょう》する＝上空を飛《と》ぶ虫を発見《はっけん》。おいかける。または待《ま》ちぶせる。

③とつぜん下降《かこう》する＝下を飛《と》ぶ虫を発見《はっけん》。おいかける。または待《ま》ちぶせる。

④とつぜんくるりと向《む》きをかえて、スピードをゆるめる＝近づいてきた虫を待《ま》ちぶせる。

飛《と》んでいる虫までは見えません。でもツバメの動《うご》き

の変化《へんか》から「いまだ！」とわかりました。

スピードだけでも感心《かんしん》してしまうのに、方向《ほうこう》をかえるときのすばやさにもおどろかされました。わずか約《やく》十八グラムの体重《たいじゅう》や長くじょうぶな羽のおかげで、こんな機敏《きびん》な飛《と》び方ができるのでしょう。

ツバメはおいかけたり待《ま》ちぶせたりして、飛《と》んでいる虫をパクリ、パクリ！

こうしてツバメは口いっぱいに虫をくわえこんで、巣《す》にもどっていきました。

町のチャイムの音が聞こえてきました。五時になった合図です。

わたしは今日最後《さいご》のツバメのえさ集《あつ》めを見とどけると、バッグに双眼鏡《そうがんきょう》をしまいこみました。

## 《三日め》六月二十七日—雨—

ゆうべから小雨《こさめ》が降《ふ》りつづいています。

あいにくの天気に、今日は観察《かんさつ》を休もうかと思いました。しかし、それでは継続観察《けいぞくかんさつ》の意味《いみ》がうすれてしまいます。ツバメのひなは、一日えさを食べないだけで、からだが弱ってしまいます。だから親鳥はかならずえさをとりにくるはずです。それに、こんな日にこそ、池は思いがけないすがたを見せてくれるかもしれないと思いなおし、傘《かさ》をさして家をでました。

池を見わたしました。どこにもツバメのすがたは見えません。排水路《はいすいろ》のどろをほじくっているのはムクドリです。わたしの足音に気づいて、飛《と》びたってしまいました。

池のまわりは水びたしですが、ヤナギの木の下の切《き》り株《かぶ》は

小雨《こさめ》のなかを飛《と》ぶコシアキトンボ。

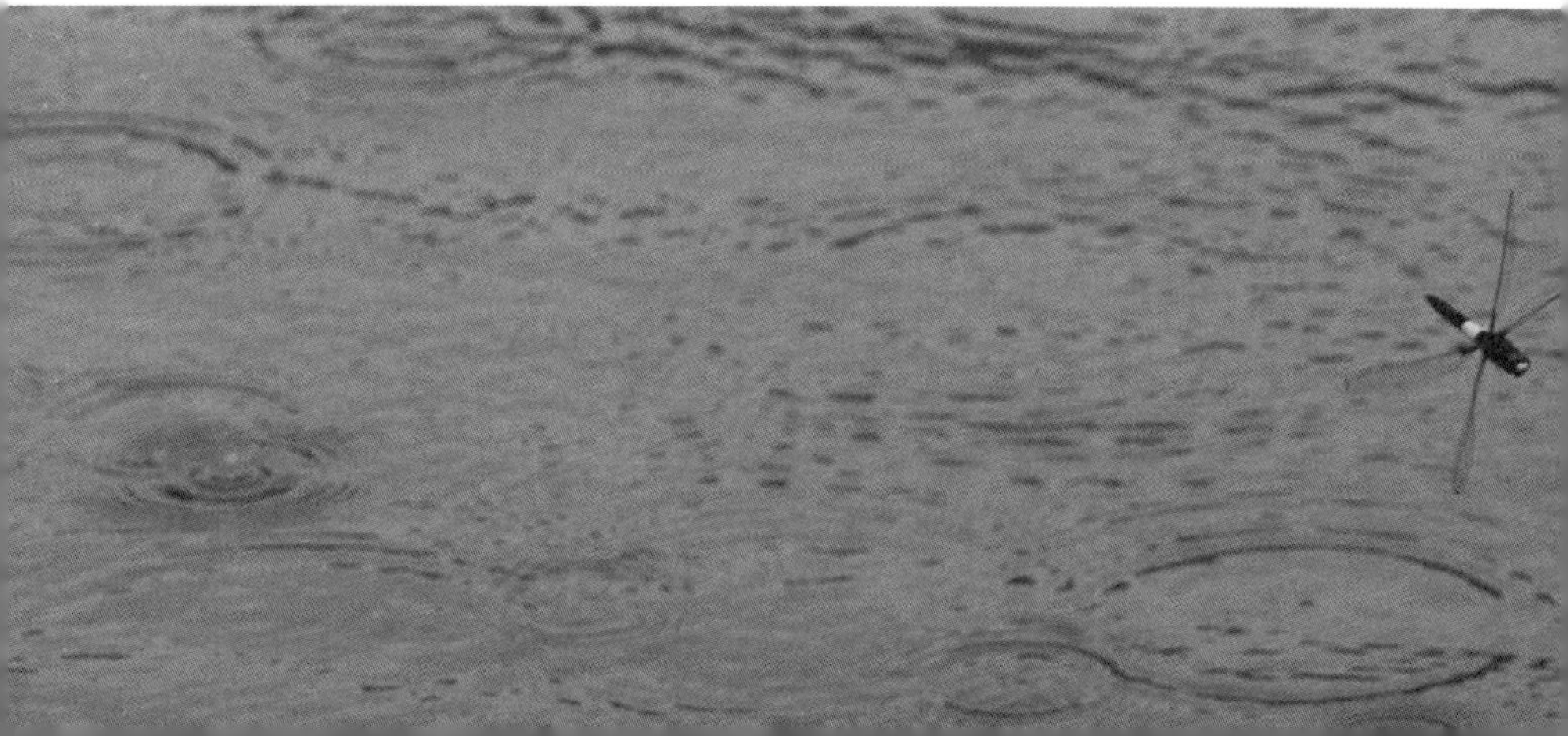

かわいたままです。ここに陣《じん》どれば雨があたることはなさそうです。用心《ようじん》のため上を見あげました。どこかへ飛《と》びたったのかスズメもいません。ふんが落《お》ちてくる心配《しんぱい》もなさそうです。わたしは切《き》り株《かぶ》に腰《こし》をかけてツバメを待《ま》ちました。

水面《すいめん》から輪《わ》が消《き》えました。どうやら雨が小降《こぶ》りになったようです。

しかし、七時をまわってもツバメはすがたをあらわしません。

(やれやれ、せっかくきたのに……。)

この朝、最初《さいしょ》にツバメがきたのは、八時をすぎたころでした。でも昨日《きのう》までとは、集《あつ》まり方がちがいます。まばらに飛《と》んでくるだけで、ツバメの数が大きくふくれあがることもありません。

電線にとまって、休んでいるツバメもいます。羽をのばしたり、うかせた羽のあいだに頭をさしこんだり、しきりに羽づくろいをしています。ときどきプルプルッと羽をふるわせているのは、羽についた雨を、はらい飛《と》ばしているのでしょう。猛《もう》スピードで飛《と》ぶために、羽に水分がついたままだったりよごれたりしないように、手入れには気をつかっているようです。

羽づくろいがすむと、また池の空へ。

(こんな日に、親鳥もたいへんだなあ……。)

小降《こぶ》りになったとはいえ、まだ雨がぱらついています。こんな日は上空を飛《と》ぶ虫が少ないせいか、ツバメは昨日《きのう》より低空《ていくう》を飛《と》びながら虫をおいかけています。

こんなじめじめした天気なのに、よく見ると、水面《すいめん》から二メートルぐらいの高さのところに、たくさんの虫が飛《と》んでいるのが、肉眼《にくがん》でもわかります。ツバメがその虫をおいかけているとしたら……。

(しめしめ。もしかしたら……。)

ツバメが上空を飛《と》ぶときは、えものをとらえるところまでは見えません。しかし今日のように低空《ていくう》を飛《と》んでいるときには、逃《に》げまどう虫のようすや、くちばしをあけながらえものをおいかけるようす、運《うん》がよければ、パクリとえものをくわえこむようすまで観察《かんさつ》することができるかもしれません。

わくわくしながら、わたしは、バッグから双眼鏡《そうがんきょう》をとりだしました。

予想《よそう》があたりました。ツバメの数が少ないので、迷《まよ》わずにおいかけるツバメをえらぶことができます。

シオカラトンボ（右はし）をおいかける２羽のツバメ。右側《がわ》のツバメがみごとにパクリ！

わたしは双眼鏡《そうがんきょう》を目にあてて、ツバメのすがたをおいました。

ツバメとの距離《きょり》が近いので、虫をとらえるときの飛《と》び方の変化《へんか》も、昨日《きのう》よりももっとはっきりわかりました。

（これはおもしろい。そうだ。写真《しゃしん》に撮《と》っておこう。）

バッグからカメラをとりだし、およその距離《きょり》をあわせて準備完了《じゅんびかんりょう》。

じーっと待《ま》ちかまえていると……。

シオカラトンボが飛《と》んできました。

水面《すいめん》近くを旋回《せんかい》していた二羽のツバメが、急《きゅう》に向《む》きをかえました。危険《きけん》を感《かん》じたのか、シオカラトンボも向《む》きをかえて、スピードをあげました。

逃《に》げまわるシオカラトンボをおいかけて、二羽のツバメもひらりひらり。

（いまだ！）

カメラのシャッターをカシャリ！

二羽は、きそうようにスピードをあげているのに、ぶつかりそうになると、おたがいにひらりと身《み》をかわします。

シオカラトンボがどんなに速《はや》く飛《と》んでも、ツバメのスピードにはかないません。あっというまにおいつかれて、ツバメのくちばしにはさみこまれてしまいました。


夕方、学校にツバメの巣《す》があると教えてくれた女の子が、犬をつれてやってきました。女の子は、わたしを見つけて近づいてきました。

「おじさん。」

「おや、雨のなかを、犬の散歩《さんぽ》かい？」

「うん。学校にツバメの巣《す》、あったでしょう？」

「あったあった。でもね。高い場所《ばしょ》にあるから、よく見えなかったよ。」

「それじゃ、図書室の窓《まど》から見ればいいよ。すぐそばに見えるから。」

「そうはいかないよ。勉強《べんきょう》のじゃまになったらいけないもの。」

「なあんだ。それじゃ、まだ学校の巣《す》しか見つけていないの？」

「そうなんだ。いまは、えさを集《あつ》めにくるツバメを観察《かんさつ》しているのさ。この池には、ツバメがいっぱいくるぞー。巣《す》はあとでさがすよ。」

「それなら、駅《えき》へいってみなよ。広場をツバメがうじゃうじゃ飛《と》んでいたよ。」

「え！　ほんとうかい？」

「ほんとうだもん。日曜日にパパと本屋《ほんや》にいったとき、わたし見たもん。」

駅前《えきまえ》の広場をたくさんのツバメが飛《と》んでいるとしたら、それは巣立《すだ》った幼鳥《ようちょう》にちがいありません。成鳥《せいちょう》とちがい、幼鳥《ようちょう》には集団《しゅうだん》でくらす習性《しゅうせい》があります。時期《じき》を考えると、今年一回めに巣立《すだ》った「一番子《いちばんこ》」にちがいありません。

……とすると、駅《えき》の周辺《しゅうへん》には、きっと巣《す》があるはずです。

「ありがとう。いいことを教えてもらったよ。明日、かならずいってみるよ。」

ぱらぱらと、また雨が落《お》ちてきました。女の子は、あわてて傘《かさ》をさし、早足で家にもどっていきました。

チャイムが鳴りました。もう五時です。これ以上《いじょう》待《ま》っていても、ツバメは、きそうもありません。

街灯《がいとう》に明かりがつきました。白い光が、広場を照《て》らしています。

## 観察《かんさつ》のまとめ

三日間、ツバメを中心に、公園の池を観察《かんさつ》してきました。このように、一定《いってい》の場所《ばしょ》（池）を一定《いってい》の目的《もくてき》をもって、連続《れんぞく》して観察《かんさつ》する方法《ほうほう》を、「定点観測《ていてんかんそく》」といいます。気象庁《きしょうちょう》が発表《はっぴょう》するサクラ前線《ぜんせん》（開花日《かいかび》の予想《よそう》）やツバメ前線《ぜんせん》（ツバメの初見日《しょけんび》）などの生物季節観測《せいぶつきせつかんそく》も、そのひとつです。

これによって、どんなことがわかるのでしょう。今年のサクラの開花日《かいかび》やツバメの初見《しょけん》日《び》を、過去《かこ》のデータと比較《ひかく》することによっていち早く地球《ちきゅう》の気象《きしょう》の変化《へんか》を発見《はっけん》し、未来《みらい》の地球《ちきゅう》のすがたを予測《よそく》することができるのです。

観察《かんさつ》のテーマによっては、時間単位《たんい》で、一週間単位《たんい》や一か月単位《たんい》で、あるいは季節単位《きせつたんい》で観察《かんさつ》をつづけることもあります。

今回のわたしの観察《かんさつ》は、えさを集《あつ》めにくるツバメのおよその数や、ツバメがやってくるときの池のようすを記録《きろく》することが目的《もくてき》でしたので、わずか三日間でもじゅうぶんな観察《かんさつ》をすることができました。近所《きんじょ》の公園での観察《かんさつ》ですから、装備《そうび》はシンプル。ただし、カなどの虫さされや日焼《ひや》け予防《よぼう》のために長そでのシャツ、長ズボン、ぼうしを着用《ちゃくよう》しました。記録《きろく》のために、観察《かんさつ》ノートとカメラ、観察《かんさつ》のために双眼鏡《そうがんきょう》をもっていきました。

短期間《たんきかん》の観察《かんさつ》でしたが、それでもつぎのようなことがわかりました。

①ツバメのえさ集《あつ》めは、朝早くからはじまり、暑《あつ》い日中は少なくなり、三時ごろから、また回数がふえ、夕方までつづく。

②集《あつ》まってくるツバメの数は、八時から十時ごろにかけてがいちばん多い。

③えさ集《あつ》めには、オスもメスもやってくる。

④ツバメは飛《と》びながら、くちばしで飛《と》んでいる虫をつかまえる。

⑤少しぐらい雨が降《ふ》っていても、えさ集《あつ》めにやってくる。

⑥ぐうぜんかもしれないが、池に集《あつ》まってくるのには、一定《いってい》の時間の波《なみ》があるようだ。

⑦水辺《みずべ》には虫が多く、絶好《ぜっこう》のえさ場なので、ツバメがたくさんやってくるようだ。

ツバメを待《ま》ちながら、アオサギなど、さまざまな野鳥《やちょう》たちにであうことができました。この池は、さまざまな生《い》き物《もの》がいのちをつなぐ、貴重《きちょう》なビオトープであり、水がよごれていても、よごれた水にあった生《い》き物《もの》のくらしが営《いとな》まれていることがわかりました。

# 観察番外編《かんさつばんがいへん》　池にやってくるめずらしい鳥たち

## 近所《きんじょ》にカワセミがいる⁉

わたしが観察《かんさつ》をおこなった公園のまわりは住宅地《じゅうたくち》で、しかも公園の池はよどんできたない水だから……とあなどっていました。けれど、ツバメを観察《かんさつ》しにいったとき、このあたりではであうことはないと思っていた、めずらしい鳥たちにであうことができました。

そのめずらしい鳥というのは、どんな鳥かというと……。

六月二十六日、観察《かんさつ》二日めの早朝に理髪店《りはつてん》のおばさんに会ったときのことです。

おばさんから、おどろくべき情報《じょうほう》をもらいました。

「ツバメの観察《かんさつ》にいらしてるんですか。それじゃ、カワセミも見ましたか?」

おばさんはしげみを指《ゆび》さしながら、

「ちょうどあのへんで、チラッと見かけましたよ。すぐにかくれてしまったけど……。」

ときどきこの池にカワセミがあらわれるといううわさは、耳にしたことがあります。でも、その話は、また聞きのまた聞きです。

カワセミは、川の上流《じょうりゅう》から中流《ちゅうりゅう》にかけての、きれいな流《なが》れにすむ、スズメぐらいの大きさの鳥です。木の枝《えだ》にとまって水中を見おろし、水中を泳《およ》いでいる小魚を見つけると、水に飛《と》びこんでつかまえてしまいます。

きれいな水のところなら、池や沼《ぬま》にもよくあらわれます。そして、なんといっても、コバルト色の金属光沢《きんぞくこうたく》の美《うつく》しい羽をもっているので、野鳥《やちょう》を観察《かんさつ》している人たちのあいだではとても人気の高い鳥です。

まさか……と思いました。

しかし、うわさではなく、じっさいに理髪店《りはってん》のおばさんが見たというのですから、ほんとうかもしれないとも思いました。

周辺《しゅうへん》は住宅地《じゅうたくち》であるうえに、この池の水はあまりにもよごれています。とてもカワセミがくるような環境《かんきょう》ではありません。ほかの鳥と見まちがえた可能性《かのうせい》もあります。

そう考えると、やはり「まさか」です。

「カワセミはとてもおくびょうだから、すぐかくれてしまいますからねぇ。いいことを聞きました。わたしも気をつけて見てみますよ。」

おばさんは腕時計《うでどけい》を見ながら、

「おじゃまをしてしまったわ。それじゃね。」

ツバメを待《ま》つあいだ、もしやと思いながら、カワセミのすがたをさがしました。しかし、どこにもカワセミの気配《けはい》はありません。

カワセミの食事《しょくじ》はおもに早朝と夕方です。ほんとうにいるなら夕方にはあらわれるかもしれません。あせらずに、夕方にまた気をつけてみようと思いました。

ヤナギの木の上から、ピーッ　ピーッというけたたましい鳴き声が聞こえてきました。見あげると、ヒヨドリが数羽、おいかけたり、おいかけられたりしながら飛《と》びまわっています。

チィチィン　チィチィンという、あまり聞きなれない鳴き声が聞こえてきました。

（カワセミかな……?）

ちがいました。飛《と》んできたのはハクセキレイでした。

ハクセキレイは、カワセミよりは全長が少しだけ大きい、水辺《みずべ》でくらす鳥です。白と黒のまだらの羽毛《うもう》が特徴《とくちょう》です。

ハクセキレイが数羽、大きく波《なみ》をえがくように飛《と》んできます。そして岸《きし》にまいおりると、長い尾羽《おばね》を、上に下にぺこぺこ動《うご》かしながら、いそがしく歩きまわっています。

とつぜん、一羽は飛《と》びたちました。そして池の空でホバリング（空中で停止《ていし》するように飛《と》ぶ）をしながら、飛《と》んでいるトンボをパクリ！

（うまいもんだなあ。）

ハクセキレイのたくみなえさのとり方を見ながら、これまでただながめていたツバメのえさのとり方も、もっとくわしくたしかめてみたいと思いました。

その日は、残念《ざんねん》ながら、夕方になってもカワセミはすがたをあらわしませんでした。

飛《と》びながらトンボをねらうハクセキレイ。ホバリングしながら、飛《と》んでいるナツアカネをつかまえた。

# 池で見つけた野鳥《やちょう》たち 2

## ハクセキレイ

（スズメ目《もく》 セキレイ科《か》）

全長は約《やく》21cm。長い尾羽《おばね》をもっている。
オスの夏羽《なつばね》は、頭頂《とうちょう》から尾《お》にかけて黒く、顔、腹部《ふくぶ》は白い。冬羽《ふゆばね》は全体的《ぜんたいてき》に灰色《はいいろ》みをおびる。メスはオスにくらべると背中《せなか》の色がうすく、灰色《はいいろ》に見える。
主食《しゅしょく》は昆虫《こんちゅう》。水辺《みずべ》を歩きながらとらえる。ときには飛《と》びながらカゲロウなどをとらえることもある。
鳴き声＝チィチィン、チュイリー

## キセキレイ

（スズメ目《もく》 セキレイ科《か》）

全長は約《やく》20cm。セキレイ類《るい》は体型《たいけい》がスマートで尾羽《おばね》が長い。

背《せ》は灰色《はいいろ》で、腹部《ふくぶ》は黄色い。北海道《ほっかいどう》、本州《ほんしゅう》、四国《しこく》、九州《きゅうしゅう》にすむ留鳥《りゅうちょう》。

谷川や水田《すいでん》の近くや、川などの水辺《みずべ》にすみ、落《お》ち葉《ば》の下にひそむ昆虫《こんちゅう》や小さなサワガニなどを食べる。

鳴き声＝さえずり／ツィツィツィピーチョチョ
地鳴《じな》き／チチン、チチン

## ヒヨドリ

（スズメ目《もく》 ヒヨドリ科《か》）

全長は約《やく》27cm。全身《ぜんしん》が灰色《はいいろ》でまだら。耳のあたりの羽は茶《ちゃ》かっ色《しょく》。頭の羽毛《うもう》は長めで、ときどき立てる。くちばしが長く、やや下にまがっているように見える。
全国《ぜんこく》の林や市街地《しがいち》などにすむ留鳥《りゅうちょう》。昆虫《こんちゅう》などのほか、花のみつ、木《こ》の実《み》などを食べる。
鳴き声＝ピーヨ、ピーヨ、ピーヒョロロ
威嚇《いかく》するときは、ギギーギギーと鳴く。

## 目の前にやってきたのは……

さて、三日め、六月二十七日のことです。池の空をながめながら、あきらめ気分で待《ま》っていたとき、「まさか」がおこったのです。

上空にタカが、ふわりとすがたをあらわしました。そして滑空《かっくう》をするようにゆっくりと池の空を旋回《せんかい》。どうやらえものをさがしているようです。とつぜん、タカが水面《すいめん》に向《む》かってスーッと急降下《きゅうこうか》。水面《すいめん》をかすめるように飛《と》びながら、小さな鳥をおいかけはじめました。

小さな鳥は、キキキキーッ、キキキキーッと鳴きながら逃《に》げまわっています。

これこそ聞きおぼえのある声です。

（あ、カワセミだ！）

えものをさがして上空を旋回《せんかい》するタカ。ヤナギの木の上で、オナガが警戒《けいかい》してけたたましい鳴き声をあげた。

わたしは秋田県《あきたけん》の山村《さんそん》で育《そだ》ちました。家の近くに小さな川が流《なが》れていたので、よくカワセミにであったものです。そのときに聞いたカワセミの声を思いだしたのです。

よく見ると、羽がコバルト色に光っています。まちがいありません。わたしは切《き》り株《かぶ》から立ちあがり、柵《さく》の上から身《み》を乗《の》りだしました。右へ左へとすばやく逃《に》げまわるカワセミ。それをはげしくおいかけるタカ。

わたしは思わず声をあげました。

「しげみに逃《に》げこむんだ！」

逃《に》げ場《ば》をうしなったのか、カワセミはこちらに向《む》かってまっすぐに飛《と》んできます。そしてたれさがったヤナギの枝《えだ》をすりぬけて、目の前の柵《さく》にとまりました。おどろきました。すぐ目の前にカワセミがいます。

雨にぬれた柵《さく》にとまるカワセミ。この池には巣穴《すあな》をつくるような場所《ばしょ》はない。近くの川から飛《と》んでくるのだろう。

カワセミは、もっとおどろいたのでしょう。目の前にいるわたしに気づいて、あっというまにしげみに逃《に》げこんでしまいました。

（やれやれ、おどろいた。カワセミが目の前に飛《と》びこんできた！　しかもタカが池にやってきているなんて！）

カワセミに逃《に》げられたタカは、こんどはふわりと柵《さく》にとまりました。

全長《ぜんちょう》三十センチメートルほどのからだの大きさや、黄色い足、くちばしの根元《ねもと》が白いところから、ツミという種類《しゅるい》だとわかりました。

近くにはキジバトがとまっています。

ツミは翼《つばさ》をとじ、ひょいひょいとステップしながらキジバトに近づいていきます。

でも、キジバトは警戒《けいかい》するようすもありません。小鳥は、ワシやタカなどの敵《てき》を、飛《と》んでいるすがたから察知《さっち》するといわれています。ツミは、ハトぐらいの大きさです。ツミが近づいてきても気づかないのでしょう。

キジバトのとなりにならんだとたん、ツミは空中に飛《と》びはね、つめをむきだして、キジバトにおそいかかりました。

（あぶない！）

しかし、えものが大きすぎたようです。柵《さく》の上でとっくみあいをしただけで、あっというまにキジバトに逃《に》げられてしまいました。

カワセミがいることにびっくりしましたが、ツミがいることにはさらにおどろかされました。ツミは小型《こがた》とはいえタカです。タカは、肉食の鳥で食物連鎖《しょくもつれんさ》の頂点《ちょうてん》に位置《いち》する生《い》き物《もの》です。タカのいのちを支《ささ》えるためには、たくさんのいのちの営《いとな》みが必要《ひつよう》です。タカが食べるのは魚やネズミ、小さな鳥などですが、それらはさらに小さな生《い》き物《もの》を食べて、さらに小さな生《い》き物《もの》はそれより小さな生《い》き物《もの》を食べて……と食物《しょくもつ》の連鎖《れんさ》がつづいているのです。

## カワセミのみごとなダイブ！

その日の夕方、幸運《こううん》にもカワセミの食事風景《しょくじふうけい》にもであうことができました。

町のチャイムが鳴り、観察《かんさつ》をきりあげて家にもどりかけたものの、女の子から聞いた話が気になって、わたしはもういちど池にひきかえしました。あちこちで巣立《すだ》ちがはじまっているなら、この池の空にも幼鳥《ようちょう》が飛《と》んできているかもしれません。継続観察《けいぞくかんさつ》の最後《さいご》に、それをたしかめたかったのです。

ボートのかざり車の上は、カワセミのお気に入り。魚をさがすには、ちょうどいい高さ。

しかし、待《ま》ちつづけてみたものの、いっこうにツバメはあらわれる気配《けはい》はありません。

（今日はもうおそいからなあ……。）

あきらめて帰ろうとしたときです。

キキキキーッ　キキキキーッ

カワセミの声です。か細い、すんだ声で鳴きながら、カワセミが水面《すいめん》すれすれを飛《と》びまわっています。

わたしは双眼鏡《そうがんきょう》を目にあてて、カワセミのすがたをおいました。

青く、宝石《ほうせき》のように光る羽をはげしく羽ばたかせ、池にうかぶボートへ一直線。

ボートにとまると、カワセミは警戒《けいかい》するように上を見たりうしろを見たり。危険《きけん》がないとわかると、じーっと水面《すいめん》を見つめています。パッと上に飛《と》びあがり、向《む》きをかえて水面《すいめん》めがけて急降下《きゅうこうか》。チャプン！

カワセミのすがたが水中に消《き》えました。つぎの瞬間《しゅんかん》、水しぶきを散《ち》らしながら空中へ。

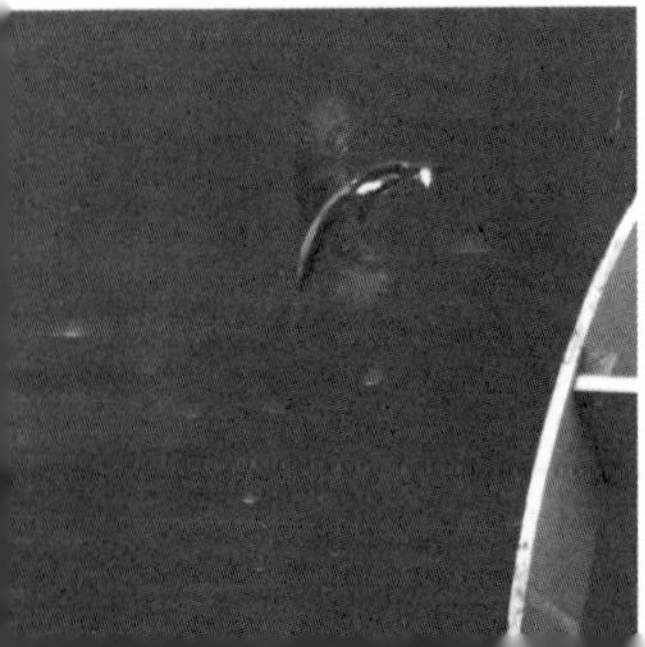

くちばしに小魚をくわえています。

ボートにもどると、カワセミはつかまえてきた小魚をピシャンピシャンとボートにうちつけ、弱らせてから、頭からのみこんでしまいました。

こんどは柵《さく》の上に飛《と》びうつり、水面《すいめん》めがけてチャプン！

清流《せいりゅう》のハンターとよばれるだけあって、すごい早わざです。

もっと近くで見てみたいと思いました。

腰《こし》をかがめ、柵《さく》づたいにちょうどよい場所《ばしょ》まできたとき、じゃまが入りました。また、ツミがすがたをあらわしたのです。

カワセミはキキキキーッと鳴きながら、飛《と》びさってしまいました。

風がふきぬけ、ヤナギの枝《えだ》が大きくゆれました。

さーっと水面《すいめん》にさざなみが走り、みるみる池いっぱいにひろがっていきます。

雲間から夕日がさしこみ、水面《すいめん》がまぶしいほどキラキラと光っています。

(きれいだなあ。これでスイレンでも咲《さ》いていたらなあ……。)

などとぜいたくなことを思いながら、小さな池でくりひろげられるいのちの営《いとな》みをかいま見ることができた喜《よろこ》びをかみしめました。

# 池で見つけた野鳥《やちょう》たち 3

## ムクドリ
(スズメ目《もく》 ムクドリ科《か》)

全長は約《やく》24cm。くちばしと足がオレンジ色で、目立つ。からだは黒っぽい灰色《はいいろ》で、顔が白い。体型《たいけい》はずんぐり型《がた》。農耕地《のうこうち》や市街地《しがいち》にすむ。樹《じゅ》洞《どう》などに巣《す》をつくるが、ビルや橋《はし》、人家の屋根《やね》、戸袋《とぶくろ》などにつくることも多い。畑《はたけ》や草地で、くちばしを土にさし入れ、昆虫《こんちゅう》の幼虫《ようちゅう》などをさがす群《む》れをよく見かける。

鳴き声=さえずり／キュルキュルキュルリャー

地鳴《じな》き／ゲーッ、ギャー

## ツミ
(タカ目《もく》タカ科《か》)

全長はオス約《やく》27cm、メス約《やく》30cm。最小《さいしょう》のタカ。

目の周囲《しゅうい》と足は黄色。背《せ》は青みがかった灰色《はいいろ》の羽毛《うもう》でおおわれ、腹《はら》の羽毛《うもう》は、こまかいまだらがある。

平地《へいち》から山地の森林に生息《せいそく》し、は虫類《ちゅうるい》、小型《こがた》の鳥類《ちょうるい》、小型《こがた》のほ乳類《にゅうるい》、昆虫類《こんちゅうるい》などを食べる。地面《じめん》にうずくまったり、木の枝《えだ》にとまって待《ま》ちぶせてえものをとることもある。

鳴き声=かん高い声でキーキキキキッキーキキキキッと鳴く。

## カワセミ
(ブッポウソウ目《もく》 カワセミ科《か》)

全長は約《やく》17cm。くちばしが長く、するどくとがっている。

背《せ》は青、翼《つばさ》の上面は緑《みどり》の光沢色《こうたくしょく》。腹《はら》はオレンジ色。のどと腹《はら》のわきが白い。川や湖《みずうみ》、海岸《かいがん》、公園の池などにすみ、枝《えだ》の上から小魚を見つけ、ダイビングしてとらえる。留鳥《りゅうちょう》。川の土手《どて》などの土に穴《あな》をほって巣《す》をつくる。北海道《ほっかいどう》では、冬に暖《あたた》かい地方に移動《いどう》する。

鳴き声=キーッ、キキキキ

## 駅前《えきまえ》はツバメ広場

そろそろ六月もおわりです。わたしは巣《す》を見つけられないまま、早くも夏をむかえてしまいました。

いまごろは、おそらく、一番子《いちばんこ》（一回めのひな）が巣立《すだ》ったことでしょう。

バスに乗《の》って、駅前《えきまえ》にでかけてみました。駅前《えきまえ》でバスをおりてびっくり。女の子がいっていたとおり、駅前《えきまえ》広場の空を、ツバメが群《む》れをつくって飛《と》びまわっています。

よく見ると、どれも尾羽《おばね》が短《みじか》く、のどの羽毛《うもう》は赤みがうすく、まだうすい茶色です。幼鳥《ようちょう》のしる

ロータリーの上空を飛《と》びかうツバメ。おいかけたり、おいかけられたり、遊《あそ》んでいるように飛《と》びまわっていた。

しです。

幼鳥《ようちょう》は、広場の空を大きく輪《わ》をえがいたり、スイッと花だんの上をかすめたり、いかにもようやくなれてきた飛行《ひこう》を楽しんでいるようです。

せまい駅前《えきまえ》広場の空をじょうずに飛《と》びまわっているところをみると、巣立《すだ》ってから、おそらく十日以上《いじょう》はたっているでしょう。

飛《と》びかう幼鳥《ようちょう》を目でおいながら、わたしは、駅《えき》の近くに巣《す》があるにちがいないと思いました。

とつぜん、幼鳥《ようちょう》の群《む》れを横切《よこぎ》って、一羽のツバメが一直線に飛《と》んできました。親ツバメのようです。

どこへいくのかと目でおっていくと……、なんと、駅《えき》にのぼる階段《かいだん》に飛《と》びこんでいきました。

（あんなところに巣《す》があるのだろうか……？）

ふしぎに思いながら、階段《かいだん》ののぼり口までいってみると、ピーピーというひなの声が聞こえます。

上を見あげてびっくり。なんと、階段《かいだん》の屋根《やね》を支《ささ》える鉄骨《てっこつ》の、せまいくぼみに巣《す》があり

駅《えき》の階段《かいだん》で見つけた巣《す》。成長《せいちょう》しきった４羽のひな（一番子《いちばんこ》）が、ピーピーとありったけの声をあげて、親鳥にえさをねだっている。巣立《すだ》ちはもうすぐ。

ました。

うまい場所《ばしょ》を見つけたものです。ここなら人通りが多いし、屋根《やね》にかくれているので、カラスに見つかる心配《しんぱい》もありません。

大きく成長《せいちょう》したひなが四羽、巣《す》からからだをはみだしながら、えさをねだっています。もう、すっかり羽が生えそろっています。あと二、三日で巣立《すだ》つ大きさです。

巣《す》を見あげていると、近所《きんじょ》のN《エヌ》さんが声をかけてきました。

「うまいところに巣《す》をつくったもんですなぁ。」

「人の出入りが多いから、かえって安全《あんぜん》なんでしょう。」

「銀行《ぎんこう》にもいってみましたか？」

「銀行《ぎんこう》ですか？」

「いま、その帰りですが、銀行《ぎんこう》の玄関《げんかん》にもツバメの巣《す》がありましたよ。」

銀行《ぎんこう》は、駅前《えきまえ》広場を横切《よこぎ》ってすぐのところにあります。いそいでいってみると、巣《す》はすぐに見つかりました。ひろくつきでている玄関《げんかん》のひさしのおくまったところです。

巣《す》の下にはふんをうけとめる箱《はこ》がおいてあります。巣《す》はドアの横《よこ》のほうにあるので、出入りするお客《きゃく》さんに、ふんが落《お》ちてくる心配《しんぱい》はなさそうです。

巣《す》のへりに、白いひなのくちばしが見えます。

この時期《じき》から考えて、おそらく二番子《にばんこ》（二回めのひな）です。

ひなはときどき頭をもたげては、またうずくまり、見えなくなってしまいます。

かえったばかりのひなは、綿毛《わたげ》が少し生えているだけですが、このひなはだいぶ羽毛《うもう》が生えてきています。生まれて一週間以上《いじょう》がたっているでしょう。

しばらくすると、ひながいっせいに頭をもたげました。そして、くちばしをいっぱいにひらいて、ピーピー鳴きわめきながら首をのばしました。

銀行《ぎんこう》の玄関《げんかん》で見つけた巣《す》。一番子《いちばんこ》は巣立《すだ》ち、二番子《にばんこ》が育《そだ》っている。からだの大きさや羽毛《うもう》のようすから、たまごから生まれて1週間から10日ぐらいたっているようだ。

ひなの口の中は、あざやかなオレンジ色です。この色なら、親鳥にもよく目立ちます。

親鳥がスイーッとすべりこんできました。メスです。くちばしには、小さな虫をくわえています。

メスは、バタバタと羽ばたきながら、巣《す》に足をかけるやいなや、大きくひらいたひなの口に、くちばしごとさしこむようにして、虫をあたえました。ひなは、もらったえさをまるのみです。

えさをあたえおわると、メスは巣《す》のへりにとまりました。

しばらくすると、ひなが、またピーピー。

それを合図に、こんどはオスがスイーッ。

オスが飛《と》びたち、ひなのさわぎがおさまる

と、メスが巣《す》をのぞきこんでいます。

そして頭をあげたとき、くちばしに白いものをくわえていました。ひなのふんです。

巣《す》がふんでよごれると、ひなの健康《けんこう》をおびやかすダニなどの寄生虫《きせいちゅう》や細菌《さいきん》がわいてしまうからです。メスはふんを口にくわえたまま、また、えささがしに飛《と》びたっていきました。

数えてみると、ひなの数は四羽です。親鳥は十分おきぐらいにもどってきて、えさをあたえています。

親鳥がもどってくるといっせいにピーピーと鳴き、「食べたい！」とアピールするひなたち。そのようすをながめなが

ひなにえさをあたえる親鳥。オスもメスも、えさを集《あつ》めてくる。いっぱいにひらいたひなの口に、くちばしごとさしこむようにして、えさをあたえている。

ら、ふと、ふしぎに思いました。

(親鳥は、まんべんなくえさをあたえることができるのだろうか……?)

よく見ていると、えさをもらったひなは、首をちぢめて巣《す》にもぐりこんだり、うしろにまわって、場所《ばしょ》をゆずったりしています。ゆずるというより、小さなえさでも、満腹《まんぷく》になりえさをねだる必要《ひつよう》がなくなるのかもしれません。

(なるほど、なるほど。)

ここの巣《す》は、観察《かんさつ》にちょうどいい高さにあります。銀行《ぎんこう》がひらく時間よりまえに観察《かんさつ》すれば、お客《きゃく》さんのじゃまにはならないでしょう。

ドアの上を見て、思わずギョッ!

監視《かんし》カメラがこっちをにらんでいます。

あやしまれたらたいへんです。わたしは銀行員《ぎんこういん》の許可《きょか》をもらい、観察《かんさつ》をつづけることにしました。

踏切《ふみきり》をわたった、すぐそばの家の軒先《のきさき》でも、ツバメの巣《す》を見つけました。

ここはバス通りぞいです。すぐそばをゴーゴーと電車が走りぬけ、ひっきりなしに車がとおります。

そうぞうしい場所《ばしょ》で人通りが多く、カラスがよりつかないので安全《あんぜん》なのでしょう。

巣《す》を見あげました。ひなのすがたは見えません。でも、ヒリヒリという巣《す》からもれてくるか弱い鳴き声で、ひながいることがわかります。

ひなは生まれたばかりらしく、親鳥（メス）が巣《す》におおいかぶさっています。

生まれたばかりのひなには、まだ羽毛《うもう》が生えていません。冷《つめ》たい空気にさらされると、体温《たいおん》がさがって死《し》んでしまいます。

親鳥は、ひなの体温《たいおん》がさがらないように、ひなをつつみこんでいるのです。

ツバメは、ひと夏のあいだに、二回繁殖《はんしょく》をくりかえします。暖《あたた》かい地方では、三回繁殖《はんしょく》をくりかえすこともあります。

踏切《ふみきり》そばの家で見つけた巣《す》。親鳥（メス）が巣《す》におおいかぶさっている。巣《す》からヒリヒリというひなの小さな鳴き声がもれてくる。二番子《にばんこ》が生まれたばかりらしい。

駅《えき》の階段《かいだん》の巣《す》では、一回めのひなは巣立《すだ》ちました。もうすぐ、二回めの繁殖《はんしょく》がはじまります。踏切《ふみきり》そばの巣《す》では、二回めのひなに羽毛《うもう》が生えそろったばかり。銀行《ぎんこう》の巣《す》では、二回めのひなが、もう大人の羽に生えかわりはじめています。

成長《せいちょう》のすすみ方にちがいがでるのは、おそらく渡《わた》ってきた時期《じき》や、つがいになった時期《じき》のちがい、巣《す》が完成《かんせい》するまでにかかった日数のちがいなどによるものでしょう。

生まれてすぐのひなは、えさを食べません。まだ体内にたまごの養分《ようぶん》（黄身《きみ》）が消化《しょうか》されないでのこっているからです。

羽毛《うもう》が生えそろい、まぶたがひらくころになると、養分《ようぶん》をつかいきり、ひなはさかんにえさをねだるようになります。オスもメスも、ひなにあたえるえさをさがしに、朝から夕方まで空を飛《と》びまわります。

生まれたばかりのときは、わずか二、三グラムしかなかったひなの体重《たいじゅう》が、親鳥からえさをもらい、二週間ほどたつころには、親鳥の体重《たいじゅう》にせまるくらいの体重《たいじゅう》になります。

ちょうどよい機会《きかい》です。環境《かんきょう》のちがう三つの巣《す》を観察《かんさつ》して、親鳥の行動《こうどう》になにかちがいがあるのか、ひなの成長《せいちょう》にちがいがあるのかをくらべてみることにしました。

## 駅《えき》の階段《かいだん》の巣《す》

駅《えき》の階段《かいだん》の屋根《やね》を支《ささ》えている鉄《てっ》骨《こつ》のくぼみにつくられている。

巣《す》で二番子《にばんこ》のたまごをあたためるメスと、そばで、警戒《けいかい》しているオス。

◉メスが巣《す》にうずくまっている。二番《にばん》子《こ》のたまごをあたためているようだ。

◉ときどき巣《す》をのぞきこんで、姿勢《しせい》をかえたり、向《む》きをかえたり。たまごをまんべんなくあたためようとしているのだろう。

◉ときどきオスが飛《と》んできて、巣《す》のそばで休んでいる。

## 踏切《ふみきり》そばの巣《す》

踏切《ふみきり》のそばにある住宅《じゅうたく》のひさしのおくにつくられている。

えさを集《あつ》めて巣《す》へもどってきて、ひなに見せる親鳥。

◉ときどきメスが巣《す》をはなれるようになった。

◉ヒリヒリという、か弱いひなの声が聞こえ、くちばしが見える。

◉巣《す》の中には、ほかにもひながかくれているようだ。

◉親鳥がもどってきても、ひなは、えさをねだることはしない。ひなはまだえさを食べないようだ。

## 銀行《ぎんこう》の巣《す》

銀行《ぎんこう》の入り口の自動《じどう》ドアの上のほうにつくられている。

親鳥の気配《けはい》を察知《さっち》して元気に鳴くひなたち。

◉ひなは、ほぼ羽毛《うもう》が生えそろっている。ふ化《か》から一週間以上《いじょう》たっているようだ。

◉どのひなも、親鳥を待《ま》って、のびあがるように巣《す》から頭をだしている。

◉目が黒く光っている。目が見えるようになったようだ。

◉親鳥を待《ま》つあいだ、のびあがったり、うずくまったり。待《ま》ちくたびれると、目をとじて、いねむりをしている。

◉耳もよく聞こえるようだ。いねむりをしていても、親鳥の羽音が聞こえると、パチッと目をあけ、口を大きくひろげて、ピーピー　ジャジャジャジャーとさわがしく鳴きわめきながら、巣《す》からからだを乗《の》りだしている。

◉ひなは、ときどき巣《す》からしりをつきだして、ひとりでふんをするようになった。

# 三地点の巣《す》を観察《かんさつ》（7月4日〜14日） 7月7日

## 駅《えき》の階段《かいだん》の巣《す》

メスがたまごをあたためている。夏の暑《あつ》さで鉄骨《てっこつ》が熱《ねつ》をもっているはずなのでたまごが心配《しんぱい》だ。

◉まだ、ひなのすがたが見えない。耳をすましても、ひなの鳴き声も聞こえない。どうやら、まだたまごからふ化《か》していないようだ。

◉メスが、巣《す》におおいかぶさっている。まだ、たまごをあたためているようだ。

◉ときどき立ちあがって巣《す》をのぞきこみ、しきりに足を動《うご》かしている。たまごをころがしているのだろう。

## 踏切《ふみきり》そばの巣《す》

ひなにえさをあたえる親鳥。4羽のひなを確認《かくにん》できた。

◉ひなの数は四羽。巣《す》から顔をだすようになった。まばらだが、全身《ぜんしん》に羽毛《うもう》が生えてきている。

◉えさを食べるようになった。

◉親鳥が近くまでくると、口をあけ、ありったけ首をのばして、ピーピー鳴きながらえさをねだるようになった。

◉目も耳も、よくはたらくようになったようだ。

## 銀行《ぎんこう》の巣《す》

◉だんだんひなのからだが、大人の羽毛《うもう》にかわってきた。

◉ひなのからだは、親鳥ほどになっている。巣《す》からはみだしそう。

◉親鳥を待《ま》つあいだ、ひなは巣《す》にうずくまり、目をとじたり、あくびをしながら、たいくつそうにしている。

◉ひなのくちばしは白く、口の中は、あざやかなオレンジ色。

◉口の中の目立つ色が、親鳥からえさをもらう目じるしになっていると考えられる。

◉親鳥を見つけると、ピィッピィッピィッとありったけの声をはりあげてえさをねだっている。

◉親鳥が、トンボやガなど、大きな虫をはこんでくるようになった。ひなの成長《せいちょう》とともに、食べる量《りょう》がふえてきたのだろう。


ぐんぐん成長《せいちょう》し、腹《はら》の羽毛《うもう》がひなの灰色《はいいろ》のものから、親鳥のような白いものにかわってきた。

## 三地点の巣《す》を観察《かんさつ》（7月4日〜14日）　7月10日

### 駅《えき》の階段《かいだん》の巣《す》

巣《す》をのぞきこむメス。ひなが生まれた気配《けはい》がないのだが……。

◉たまごをあたためはじめて、一週間以上《いじょう》たっているはずなのに、まだ、ふ化《か》していないようだ。

◉暑《あつ》さで鉄骨《てっこつ》が熱《ねつ》をもっている。その熱《ねつ》で、たまごがくさってしまったのだろうか。

◉メスが、巣《す》をはなれるようになった。

◉まいもどったメスが、じーっと巣《す》をのぞきこんでいる。中にひながいるのだろうか……。

### 踏切《ふみきり》そばの巣《す》

ひなにえさをあたえる親鳥たち。

◉ひなの声で、巣《す》がにぎやかになってきた。われさきにえさをねだっている。ときどき、親鳥にあまえるように、ジジジーと鳴いている。

◉えさをもらうとき、なぜか一羽のひなは、いつもうしろにおしやられている。このひなが、巣立《すだ》ちまで無事《ぶじ》に育《そだ》つか心配《しんぱい》だ。

◉巣《す》からしりをつきだして、ふんをするようになった。

## 銀行《ぎんこう》の巣《す》

◉どのひなも、同じぐらいの大きさに育《そだ》っている。

◉ひなのからだは、すっかり大人の羽毛《うもう》にかわっている。

◉一見、親鳥のすがたと同じように見えるが、くちばしの色（白）や、のど元の色（あわい茶色）で、親鳥とのちがいがわかる。

◉気のせいか、口の中のオレンジ色が、うすくなってきているように思える。

◉ときどき親鳥が、巣《す》のそばで羽ばたいている。ひなに羽ばたきの練習《れんしゅう》をうながしているのだろうか？

◉ひなは、ときどき巣《す》のふちにとまって、のびをするように羽をのばしている。

◉親鳥が巣《す》から飛《と》びさると、ひなはおいかけるようにピッピッピッと鳴く。

巣《す》の前でホバリングする親鳥。ひなに羽ばたきの練習《れんしゅう》をうながしているようだ。

## 7月12日

### 駅《えき》の階段《かいだん》の巣《す》

◉いっこうにひなのすがたが見えない。やはり、たまごはふ化《か》しなかったのだろうか。

◉小雨《こさめ》が降《ふ》りはじめ、オスもメスも、巣《す》にもどってきている。

◉つがいは、この巣《す》をすててしまわないだろうか。心配《しんぱい》だ。

巣《す》を見まもる親鳥。いっこうにひなの鳴き声は聞こえない。

### 踏切《ふみきり》そばの巣《す》

えさをねだるひな。同じ巣《す》でも成長《せいちょう》にちがいがあるようだ。

◉ひなはだいぶ成長《せいちょう》してきているが、まだうぶ毛は消《き》えていない。

◉親鳥は、小雨《こさめ》が降《ふ》っていても、えさを集《あつ》めに飛《と》びたっていく。ひなは、一日でもえさを食べないと、死《し》んでしまうといわれる。えさ集《あつ》めも重労働《じゅうろうどう》だ。

◉えさをねだるひなの声が、ピーピージャジャジャジャーとうるさくなってきた。

## 銀行《ぎんこう》の巣《す》

◉ひなは、成鳥《せいちょう》とかわらないほどになっている。しかし、鳴き声は「ピーピー」のまま。くちばしはまだ白い。

◉ひなは巣《す》のふちにとまり、しきりに羽ばたきの練習《れんしゅう》をするようになった。

◉ときどき、数羽のツバメが巣《す》のそばまでやってくる。そして巣《す》のまわりをひらりひらりと飛《と》びまわっている。この巣《す》でさきに巣立《すだ》った一番子《いちばんこ》だろうか。「いっしょに飛《と》ぼうよ」と、ひなをさそいだしているようだ。それを見つけて、親鳥はピーーピーー！と大きな声をあげておいはらっている。

◉ひなが一羽、いなくなっている。羽ばたきの練習《れんしゅう》のとき、巣《す》から落《お》ちてしまったのだろうか。それとも、もう巣立《すだ》ってしまったのだろうか……。

親鳥以外《いがい》のツバメが巣《す》の前でホバリングしている。この巣《す》で生まれた一番子《いちばんこ》だろうか。

## 三地点の巣《す》を観察《かんさつ》（7月4日～14日） 7月14日

### 駅《えき》の階段《かいだん》の巣《す》

◉やっとひなの頭が見えた。しかし一羽だけだ。羽毛《うもう》のようすから、数日はたっているようだ。

◉元気がない。十秒《びょう》ほどで、頭をひっこめてしまった。親鳥がもどってきても、頭をあげない。

◉親鳥は、巣《す》をのぞきこんでいる。えさをひなに食べさせようとしているのだろうか。

◉このときが、ひなを見た最後《さいご》になった。

ひなは元気がなく、親鳥がもどってきてもえさをねだらなかった。

### 踏切《ふみきり》そばの巣《す》

◉ひなは、四羽ともぐんぐん成長《せいちょう》している。心配《しんぱい》したひなも、ほかのひなとくらべるとややからだが小さいが、もう心配《しんぱい》はない。巣立《すだ》ちまでは成長《せいちょう》できるだろう。

◉おなかの白い色がくっきりしてきた。うぶ毛のようだった羽毛《うもう》が、成鳥《せいちょう》の羽に近づいてきた。

◉巣《す》からしりをだしてふんをするようになったので、巣《す》の下は、ふんだらけ。

親鳥がもどってきて鳴きさわぐひな。

## 銀行《ぎんこう》の巣《す》

◉ひなの羽の色が、黒ぐろとしてきた。羽ばたきが力強くなってきている。

◉どのひなも、すぐにも巣立《すだ》ちができそうだ。でもひなは、なかなか飛《と》びたとうとはしない。

◉親鳥がいないとき、一番子《いちばんこ》が近づいてきて、巣《す》のまわりをさかんに飛《と》びまわっている。

巣《す》の前で巣立《すだ》ちをうながす親鳥。ひなの１羽は、もう巣立《すだ》ったようだ。

◉親鳥が、えさをくわえてもどってきても、なかなかひなにえさをあたえようとしない。巣《す》のそばを飛《と》びながらえさをちらつかせ、ひなを巣《す》からおびきだそうとしているようだ。

◉えさをもらおうと、ひなは必死《ひっし》。からだを乗《の》りだして、巣《す》から落《お》ちそうになる。どうやら巣立《すだ》ちは近いようだ。

## 十一日間の観察《かんさつ》をおえて

こうして三つの巣《す》で、ひなの成長《せいちょう》をくらべてみると、かならずしも同じではありません。いちばん元気なのは銀行《ぎんこう》の巣《す》のひなでした。どのひなも食欲旺盛《しょくよくおうせい》。まだ羽が生えそろっていないときから、親鳥の羽音に気づくと、おしあいへしあいをしながら、えさをねだっています。

### ◆場所《ばしょ》による成長《せいちょう》のちがい

それにくらべて踏切《ふみきり》そばの巣《す》のひなは、少し弱よわしく感《かん》じました。羽が生えそろったころになっても、親鳥が巣《す》にとまるまで気づかないひなもいました。

いちばん弱かったのは駅《えき》の階段《かいだん》の巣《す》です。一番子《いちばんこ》は無事《ぶじ》に巣立《すだ》っていったのに、二番子《にばんこ》は、ふ化《か》したのはたった一羽だけです。しかも、親鳥がえさをくわえてきても、なかなか食べようとしません。夏の暑《あつ》さで、からだが弱っているのかもしれません。

銀行《ぎんこう》の巣《す》と、踏切《ふみきり》そばの巣《す》では、無事《ぶじ》に全部《ぜんぶ》のひなが巣立《すだ》っていきましたが、駅《えき》の階段《かいだん》の巣《す》では、ようやく生まれた一羽のひなも、とうとう巣立《すだ》つことはできませんでした。

## ◆巣《す》の中の成長《せいちょう》の差《さ》

同じ巣《す》でも、ひなの成長《せいちょう》には差《さ》があるようです。原因《げんいん》は誕生《たんじょう》のずれです。親鳥は一日にひとつずつたまごを産《う》みすすみ、たまごがふ化《か》するのもその順番《じゅんばん》です。そのためはじめから成長《せいちょう》に差《さ》がついてしまい、そしてそれが、えさをねだるいきおいにもあらわれます。

親鳥は、いちばん手前の、大きくひらいたひなの口の中のあざやかな色を目じるしに、えさをあたえます。えさをもらったひなはつぎつぎにうしろにひっこむので、どのひなにも、まんべんなくえさがゆきわたるはずです。

でも、えさをあたえるようすをよく見ていると、かなりかたよりがあるようです。まんべんなくあたえているはずでも、成長《せいちょう》がすすんでいる元気なひなほど、ほかのひなをおしのけてたくさんえさをもらい、成長《せいちょう》がおくれているひなは、なかなかえさにありつけないことがわかりました。

調《しら》べてみると、成長《せいちょう》がおくれているひなには、親鳥はえさをあたえず、見すててしまう、と書いている本がありました。残酷《ざんこく》なように思われますが、より強い「いのち」をのこすための、自然界《しぜんかい》の宿命《しゅくめい》なのかもしれません。

## 空中でなにを待《ま》ってるの？

十一日間の観察《かんさつ》から数日後、本を買いに、駅前《えきまえ》の書店にいきました。今日も駅前《えきまえ》の広場を、たくさんツバメが飛《と》びかっています。

空を見わたすと、近くの電線にもツバメがとまっています。尾羽《おばね》の長さや、のど元の色から、巣立《すだ》ったばかりの幼鳥《ようちょう》とわかります。

パタパタ羽ばたきをしたり、羽づくろいをしたりしながら、なにかを待《ま》っているようです。なにを待《ま》っているのかと思って見ていると、とつぜん、幼鳥《ようちょう》がピーピー鳴きさけびながら、いっせいに向《む》きをかえました。

空を横切《よこぎ》るように、スイーッとツバメが飛《と》んできました。親鳥です。

親鳥は、はげしく羽ばたきながら、空中でえさをあたえています。そしてえさをあたえおわると、スイーッと飛《と》びさっていきました。

巣立《すだ》ったばかりの幼鳥《ようちょう》は、まだじょうずには飛《と》べないので、自分で虫をとらえることは

電線にとまり、親鳥を待《ま》つ幼鳥《ようちょう》。親鳥を待《ま》ちながら、しきりに羽ばたきの練習《れんしゅう》をしている。

できません。だから、巣《す》の近くの電線にとまって、親鳥からえさをもらうのです。

しかし、親鳥からえさをもらえるのは、一週間ほどのあいだだけです。子育《こそだ》てをおわりにすると、親鳥は幼鳥《ようちょう》をおいて、どこかへ飛《と》びさってしまいます。

とりのこされた幼鳥《ようちょう》は、もう、だれにたよることもできません。自分の力で虫をとりながら、生きていかなければなりません。幼鳥《ようちょう》は幼鳥《ようちょう》どうしで小さな集団《しゅうだん》をつくり、くらしはじめます。

電線にとまって親鳥からえさをもらうようすをながめながら、わたしは、このあまえんぼうの幼鳥《ようちょう》が、自分で生きていけるようになるだろうかと、心配《しんぱい》になってしまいました。

# とりのこされたアシ原《はら》　ツバメはどこへ

七月の下旬《げじゅん》。バスに乗《の》って、相模《さがみ》川ぞいの田んぼにでかけました。町はずれには、神奈川県《かながわけん》の水道を支《ささ》える相模《さがみ》川が流《なが》れています。川ぞいには、畑《はたけ》や田んぼがひろがっています。

そこにいけば、その付近《ふきん》で巣《す》立《だ》った幼鳥《ようちょう》の集団《しゅうだん》が見られるだろうと考えたのです。それに、まだ子育《こそだ》てがつづいている巣《す》があるかもしれません。バスをおりて十分ほど歩くと、家なみはとぎれ、ひろびろとした田んぼがあらわれました。

稲《いね》が青あおと葉《は》をひろげています。風がふきつけると、稲《いね》はざわざわと音をたてながら波《なみ》うっています。わたしは、舗装《ほそう》された農道《のうどう》のわきに立って空を見あげ、ツバメのすがたをさがしました。

ところが、どこにもツバメの集団《しゅうだん》は見えません。それどころか、えさを集《あつ》める親ツバメのすがたも見えません。

子どものころ、わたしは、ツバメは田んぼの害虫《がいちゅう》を食べてくれる益鳥《えきちょう》だと教えられて育《そだ》ちました。しかし、害虫《がいちゅう》を駆除《くじょ》するためにたくさんの農薬《のうやく》がつかわれるようになり、いまでは、ツバメにたよる必要《ひつよう》がないのでしょう。

田んぼを見ると、どの田んぼにも水がありません。土がかわいて、ひび割《わ》れをおこしているほどです。

田んぼのわきを流《なが》れる水路《すいろ》にも水はありません。稲《いね》が成《せい》長《ちょう》するたいせつな時期《じき》なのに、どうして水をぬいてしまったのだろうと、ふしぎに思いました。

農薬散布《のうやくさんぷ》で虫がいないうえに、からからの田んぼ。これでは、ツバメがよりつくはずはありません。かんかん照《で》りのなかを、汗《あせ》だくになりながら、ツバメのすがたをさがしました。しかし、二時間ほどのあいだに、ツバメを見たのは、わずかに三羽だけでした。それも田んぼの上空を、どこかへ飛《と》びさるすがたです。

ひろがる田んぼの一角に、こんもりとしたアシのしげみを見つけました。

なにかの巣《す》があるかもしれないと思い、ツバメをあきらめ、細いあぜ道をつたわって、

水をぬいた田んぼ。

田んぼにのこされたアシのしげみ。さまざまな野鳥《やちょう》のねぐらや、巣《す》づくりの場所《ばしょ》になっている。

アシのしげみに近づいてみました。

しげみの地面はずぶずぶです。茎《くき》や葉《は》がうっそうとしげっているので、しげみの中までは見えません。

聞き耳を立ててみました。

ざわざわと、風で葉《は》がこすれあう音にまじって……、

キキキキーッ　キキキキーッ

かすかにひなの鳴く声が聞こえてきます。

ギョギョシギョシ　ケケケシ

親鳥の声のようです。

しげみにもっと近づこうとしたとき、ずぶずぶの土に足をとられて、ころびそうになってしまいました。

そのときです。わたしのすぐ足元から、パッと一羽の野鳥《やちょう》が飛《と》びたちました。オオヨシキリでした。

オオヨシキリ（スズメ目《もく》 ウグイス科《か》）

田んぼのそばの畑《はたけ》で、畑《はたけ》の手入れをしているお年よりを見つけ、声をかけました。

「暑《あつ》いのに、せいがでますね。」

お年よりはタオルで顔の汗《あせ》をぬぐいながら、

「田んぼは若《わか》いもんにまかせて、畑《はたけ》でぶらぶらですよ。」

「気がついたんですが、どの田んぼにも水がありませんね。どうしてですか？」

「ああ、中《なか》ぼしだよ。分《ぶん》けつがすすみすぎないように、水をぬいて調節《ちょうせつ》するんだ。」

分《ぶん》けつとは、株分《かぶわ》かれのことです。株分《かぶわ》かれがすすみすぎると、もみが多くつきすぎて栄養《えいよう》がいきわたらず、質《しつ》の悪《わる》い米になってしまうのだそうです。

「でも、このままでは、葉《は》が枯《か》れてしまいませんか？」

「なあに。稲《いね》が花をつけるまえに、またたっぷり水をひくんだ。」

なるほどと思いました。しかし、田んぼでくらす生《い》き物《もの》にとっては迷惑《めいわく》なこと。この農《のう》法《ほう》も、田んぼに生《い》き物《もの》が少なくなった原因《げんいん》のひとつかもしれません。

わたしは、田んぼにのこされたアシ原《はら》のことも聞いてみました。

「あそこにアシ原《はら》がありますね。どうしてあんなところに、ぽつんとアシ原《はら》がのこっているのですか?」

「ああ、あそこは減反政策《げんたんせいさく》で耕《たが》やせなくなった田んぼだよ。たいていの農家《のうか》では、畑《はたけ》や花畑《はなばたけ》にかえているんだが、あそこの田んぼの持《も》ち主《ぬし》は鳥がすきでね。田んぼを野鳥《やちょう》にかえすんだって、アシ原《はら》にしているそうなんだ。」

「わざわざアシを植《う》えてですか?」

「なあに。もともとこのあたりはアシ原《はら》だったし、ほっとけば生えてくるんですわ。」

そして、思いだしたように、

「たしか、なんとかっていう鳥が、巣《す》をつくっているっていってたなあ……。」

ツバメには、渡《わた》りの時期《じき》になると、群《む》れになってアシ原《はら》に集《あつ》まってくる習性《しゅうせい》があります。

もしかすると、ここにも集《あつ》まってくるかもしれません。

話を聞きながら、わたしは、渡《わた》りの時期《じき》になったら、もういちどたしかめにきてみようと思いました。

帰りのバスを待《ま》っていると、目の前をツバメが横切《よこぎ》りました。そして、バス停《てい》の向《む》かい側《がわ》の家の玄関先《げんかんさき》にスイーッ。

するとか中から、

ピーピー　ジャジャジャジャジャー
ひなの声です。

外からそっと玄関《げんかん》をのぞきこんでみると、二つ巣《す》が見えました。ひとつの巣《す》はからっぽ。もうひとつの巣《す》には、もうすぐ巣立《すだ》ちそうなひなが、四羽いました。

親鳥は、鳴きわめくひなにえさをあたえると、わたしの頭上をかすめてスイーッ。

よく見ると、玄関《げんかん》の天井《てんじょう》のへりが、ぐるりと浅《あさ》い目かくしでかこまれています。これならカラスが侵入《しんにゅう》してくる心配《しんぱい》もなさそうです。

郵便受《ゆうびんう》けには、小さなツバメのシールがぺたり。この家には、きっとツバメを愛《あい》する家《か》族《ぞく》がくらしているのでしょう。

ツバメへの関心《かんしん》が少なくなってしまったいまでも、あちこちにツバメをあたたかく見まもっている人たちがいました。そして田畑《たはた》のまわりでくらすツバメがいなくなったわけではないことがわかり、ほっとした気持《きも》ちになりました。

バスがきました。

バス停《てい》前の家で見つけた巣《す》。

# 幼鳥《ようちょう》も池の空に

八月のある朝、すずしいうちにと、六時半ごろ公園にきてみました。

公園はセミの声につつまれています。広場では、もうラジオ体操《たいそう》がはじまっています。

学校は夏休み。大人にまじって、小学生のすがたも見えます。

池を見わたしました。ツバメはきていません。ギーギー鳴きながら、長い尾羽《おばね》をたなびかせ、ふわふわと池の空を飛《と》びまわっているのはオナガです。

ラジオ体操《たいそう》はおわったようです。

「赤い色で、まるい野菜《やさい》はナーンダ?」

「トマト。緑色《みどりいろ》で、中がからっぽの野菜《やさい》はナーンダ?」

「ピーマン。黄色くて、長いくだものはナーンダ?」

子どもたちは、なぞなぞ遊《あそ》びをしながら帰っていきます。

まだ七時をまわったばかりだというのに、わたしの背中《せなか》は、もう汗《あせ》でびっしょり。

顔や首がひりひりします。

ツバメがあらわれたのは、水飲《みずの》み場《ば》で、ほてった顔や首を水でぬらしたタオルでふいているときです。クチュクチュというツバメの声に空を見あげたとき、おやっと思いました。いつもとは少しようすがちがいます。

これまでは、四方八方《しほうはっぽう》から、一羽、つづいてまた一羽と、だんだん数がふえていきました。今朝は、同じ方向《ほうこう》から群《む》れをつくって飛《と》んできたらしいツバメもまじっています。きっと、幼鳥《ようちょう》の集団《しゅうだん》にちがいない……と思いました。

バシャン！

水しぶきがあがりました。水浴《みずあ》びです。

バシャン！　バシャン！

池のあちこちで、水しぶきがあがっています。またすてきなショーのはじまりです。

遠くから見ると、もう成鳥《せいちょう》と幼鳥《ようちょう》の区別《くべつ》はつきません。

（ここまで成長《せいちょう》すれば、もうだいじょうぶだ。）

# 池のまわりで地球温暖化会議《ちきゅうおんだんかかいぎ》



二〇〇七年の夏は、日本列島《れっとう》は異常《いじょう》ともいえる暑《あつ》さがつづきました。毎日のように三十度《ど》をこえる猛暑《もうしょ》がつづき、八月十六日には、岐阜県多治見《ぎふけんたじみ》市と埼玉県《さいたまけん》熊谷《くまがや》市では、四十・九度《ど》という、観測史上最高《かんそくしじょうさいこう》の気温《きおん》を記録《きろく》しました。

毎朝、池のまわりにはいろいろな人がやってきます。ラジオ体操《たいそう》をする人、ショウブ畑《ばたけ》の手入れをする人、犬の散歩《さんぽ》、ランニング、思い思いに時間をすごすと、池のまわりでひと休み。あいさつをかわしながら話に花を咲《さ》かせます。

若《わか》い人もいます。お年よりもいます。学校の先生もいます。役所《やくしょ》や会社に勤《つと》めている人もいます。パソコンの話、カメラの話、ロボットの話、旅行《りょこう》、ペット、グルメなど、話題《わだい》はつきません。

だれからともなくはじまり、思い思いにおしゃべりをして、なんとなくおわる、朝のひとときを楽しみます。

わたしは「ほー」「ほほー」とうなずきながら、もっぱら聞き役《き》《やく》です。

でも、暑《あつ》さがつづいているせいか、話題《わだい》は異常気象《いじょうきしょう》にかたよりがちです。

「暑《あつ》いですなぁ。」

「まったくですねぇ。少しからだを動《うご》かしただけで、もう汗《あせ》でぐっしょりですよ。」

「昼は猛暑《もうしょ》で、夜は熱帯夜《ねったいや》。これじゃ、からだがもちませんわ。」

「ドイツでは、猛暑《もうしょ》で死者《ししゃ》がでているそうじゃないですか。ところがニューヨークでは大寒波《かんぱ》。おまけに中国《ちゅうごく》では大洪水《こうずい》だ。南極《なんきょく》や北極《ほっきょく》の氷《こおり》がとけだしているというし、いったいどうなっているんだね、地球《ちきゅう》は……?」

「海の水位《すいい》があがって、たくさんの島《しま》や大都市《とし》が水没《すいぼつ》してしまうんですってねぇ。」

池のまわりで、にわか地球温暖化会議《ちきゅうおんだんかかいぎ》がはじまります。

今朝は、町のスポーツ指導員《しどういん》、S《エス》さんが話をきりだしました。

「おどろいたねぇ。昨日《きのう》の新聞を読んだ? 大阪《おおさか》のほうじゃ、クマゼミが大発生《はっせい》して、インターネットがつかえなくなったところがあるそうじゃないですか。これも温暖化《おんだんか》の影響《えいきょう》らしいよ。」

「そうそう。そのニュースなら、テレビで見たわ。」

「ケーブルにたまごを産《う》みつけるんですってねぇ。」

わたしも、このニュースにはびっくりしました。

朝、新聞をひらくと、『クマゼミ大発生《はっせい》』という記事《きじ》が目に飛《と》びこんできました。見出しには、『光ファイバーに産卵《さんらん》、断線《だんせん》』とあります。

クマゼミは、おもに大阪《おおさか》など関西《かんさい》地方にすむ、日本最大《さいだい》のセミです。シャーシャーと大きな声で鳴き、木の枝《えだ》に産卵管《さんらんかん》をつきさして産卵《さんらん》します。

この夏の暑《あつ》さで、大阪《おおさか》ではクマゼミが大発生《はっせい》をし、木の枝《えだ》とまちがえて光ファイバーのケーブルに穴《あな》をあけ、通信《つうしん》を遮断《しゃだん》してしまう被害《ひがい》が多発《たはつ》している。しかも地球温暖化《ちきゅうおんだんか》の影響《えいきょう》で、クマゼミの生息域《せいそくいき》が、関東《かんとう》地方にまでひろがっているというのです。

この記事《きじ》を読みながら、わたしが雑誌記者時代《ざっしきしゃじだい》に取材《しゅざい》におとずれた、瀬戸内海《せとないかい》にうかぶ岩黒島《いわくろじま》を思いだしました。

岩黒島《いわくろじま》は、香川県《かがわけん》の坂出市《さかいで》から約《やく》十キロメートルのところにある小さな島《しま》です。人口は約《やく》百人。島《しま》の人たちは漁業《ぎょぎょう》でくらしをたてています。

岩黒島《いわくろじま》は、クマゼミがたくさんいるところとしても知られ、「クマゼミの島《しま》」ともよば

セミが
この中に
卵を産ん
じゃったん
だって!!

れていました。島《しま》の人びとは、クマゼミを島《しま》のじまんとして、たいせつにまもっていたのです。

いまから約《やく》三十年まえの一九七八年に本州《ほんしゅう》と四国《しこく》をむすぶ瀬戸大橋《せとおおはし》の建設《けんせつ》がはじまり、岩黒《いわくろ》島《じま》が橋脚《きょうきゃく》を立てる二番めの島《しま》ときまったとき、クマゼミの環境《かんきょう》がこわされると、島《しま》に橋脚《きょうきゃく》を立てることに反対運動《はんたいうんどう》がおこったほどです。

しかし、大発生《はっせい》を報《ほう》じる新聞には、こうも書いてありました。

『シャーシャーと鳴きあうクマゼミの声は、なんと、ゴーゴーと電車が走るガード下の騒《そう》音《おん》と同じ九十四デシベル。クマゼミと人間との暑いたたかいがつづいている。』

都市《とし》のクマゼミは、とうとうやっかいものになってしまったようです。

S《エス》さんが、こんどはわたしのほうに向《む》きをかえて、

「七尾《ななお》さん。あなたはずっとツバメを観察《かんさつ》していましたよねぇ。ツバメにもなにか地球温《ちきゅうおん》暖化《だんか》の影響《えいきょう》がでていますかね?」

あれあれ、わたしにお鉢《はち》がまわってきました。

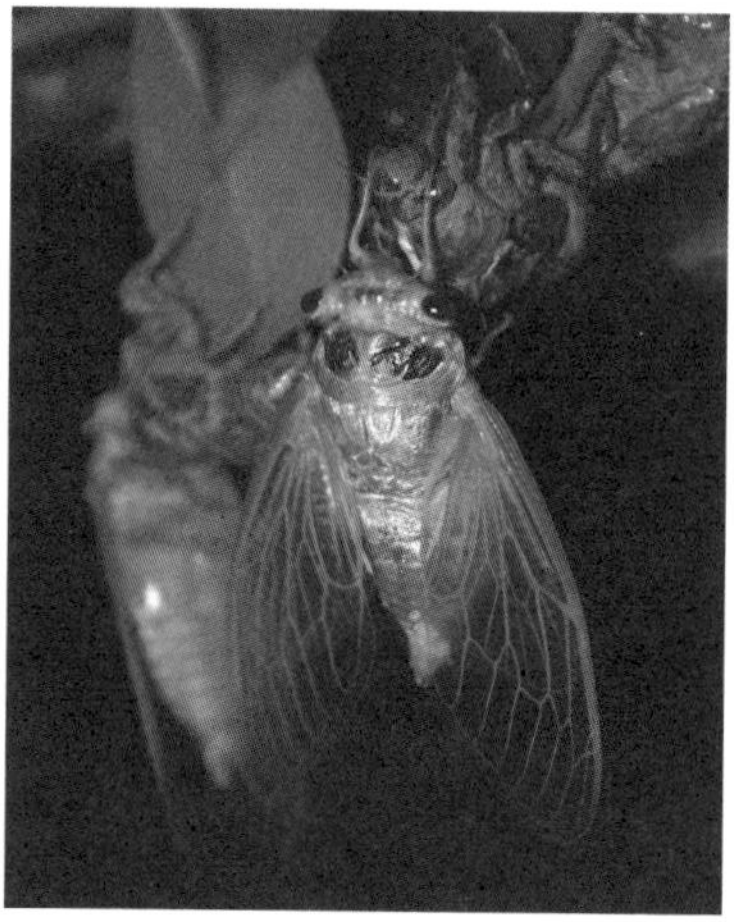

クマゼミの羽化《うか》。

「わたしは研究者《けんきゅうしゃ》ではないのでよくわかりません。しかし、ぜったいにあるはずですよ。そう思ってね、『ツバメの初見日《しょけんび》』を気にしているんです。」

「その初見日《しょけんび》ってなんです？」

「サクラ前線《ぜんせん》というのがありますね。毎年三月になると気象庁《きしょうちょう》が発表《はっぴょう》する……。」

「はいはい。花見の予定《よてい》をくむときにお世話《せわ》になる……。」

「ツバメの初見日《しょけんび》も同じようなもので、季節《きせつ》の変化《へんか》によって生き物《いきもの》のくらしがどうかわっていくかを調《しら》べ、ぎゃくに生き物《いきもの》のくらしの変化《へんか》から、長期《ちょうき》の気象《きしょう》の変化《へんか》を予測《よそく》するものなんです。ツバメの初見日《しょけんび》というのは、『どこ』で『いつ』今年はじめてツバメを見たかを全国《ぜんこく》の観察者《かんさつしゃ》の報告《ほうこく》を集計《しゅうけい》し、平年《へいねん》とくらべて、早かった、おそかったをまとめたものなんですよ。」

「そんなもので、地球温暖化《ちきゅうおんだんか》が予想《よそう》できるんですかな？」

「正確《せいかく》にはわかりません。しかし、何年も集計《しゅうけい》を積《つ》み重《かさ》ねていくと、およその傾向《けいこう》があらわれてきます。

ここ数年は、『早かった』が多くなってきていますね。鹿児島県《かごしまけん》の種子島《たねがしま》では、平年《へいねん》より二十七日、昨年《さくねん》より二十三日も早く、鹿児島市《かごしま》では、平年《へいねん》より十一日、昨年《さくねん》より、なんと四十三日も早くなっています。これはやはり、渡《わた》りの出発《しゅっぱつ》地点、オーストラリア大陸《たいりく》や東南アジア地方で地球温暖化《ちきゅうおんだんか》がすすんでいるせいではないかなと、想像《そうぞう》できるんですよ。」

「なるほど。でも、日本の温暖化《おんだんか》がすすめば、危険《きけん》な渡《わた》りをしなくてもいいし、ツバメにとっては、かえって好都合《こうつごう》なんじゃないんですか？　ほら、越冬《えっとう》ツバメという例《れい》もあるしねえ……。」

越冬《えっとう》ツバメとは、冬のあいだも日本にとどまっているツバメのことです。

越冬《えっとう》ツバメは静岡県《しずおかけん》の浜名湖周辺《はまなこしゅうへん》や、茨城県《いばらきけん》の霞ヶ浦周辺《かすみがうらしゅうへん》では、以前《いぜん》から知られていました。この地方は冬でも暖《あたた》かく、えさになる昆虫《こんちゅう》がたくさんいるのでしょう。冬が近づくと、明るい町の話題《わだい》として、よく新聞やテレビで紹介《しょうかい》されます。

「越冬《えっとう》ツバメね。ところが、あのツバメだって、どうやら渡《わた》りをしているらしいんですよ。最近《さいきん》の研究《けんきゅう》では、どうやらあのツバメは、シベリア地方で繁殖《はんしょく》するツバメの亜種《あしゅ》らしいんです。それが冬越《ふゆご》しのために日本に渡《わた》ってきていると……。」

「あ、そうですか。てっきり日本で繁殖《はんしょく》したツバメだと思っていましたよ。」

「越冬《えっとう》ツバメがいる地域《ちいき》は年ねんひろがって、いままでは九州《きゅうしゅう》や四国《しこく》、近畿《きんき》、中部《ちゅうぶ》地方でも

平成19年度
ツバメ
初見日!
4/25 函館市・4日早い
4/24 秋田市・7日おそい
4/16 盛岡市・4日早い
4/6 山形市・±0日
4/21 仙台市・13日おそい
4/1 長野市・10日早い
4/2 金沢市・3日おそい
4/8 福島市・3日早い
3/31 京都市・5日おそい
3/28 宇都宮市・9日早い
3/25 松江市・5日おそい
4/28 東京23区・25日おそい
3/8 岡山市
16日早い
4/1 銚子市・2日早い
2/24 長崎市
22日早い
4/4 横浜市・3日早い
3/30 名古屋・1日おそい
3/23 高松市・4日おそい
3/22 高知市・2日おそい
2/23
鹿児島市
11日早い
3/14 松山市・7日早い
3/9 大分市・2日早い
3/3 熊本市・11日早い
3/10 与那国島・1日おそい
平年より早い
平年と同じ
平年よりおそい

観察《かんさつ》されているそうですよ。たぶん、温暖化《おんだんか》のせいで……。」

「そりゃあ、うれしいニュースじゃありませんか。」

「ところが、それが心配《しんぱい》なんです。日本の温暖《おんだん》化《か》がすすむと、暑苦《あつくる》しい日本では、子育《こそだ》てができなくなるかもしれないんです。暑《あつ》さでたまごがくさったり、ひなが弱ったりしてね。ひなを育《そだ》てるためには、どうしても、ほどよい暖《あたた》かさと、ほどよいすずしさでないとね。」

「とすると、繁殖期《はんしょくき》には日本をすどおりして、みんなシベリアに渡《わた》っていってしまうかもしれないっていうことですかね。」

おくさんが口をはさみました。

「そんなことって、あるわけがないですよねぇ。」

「うーん。たぶん、そんなことはないでしょうが、しかし、渡《わた》りに大きな変化《へんか》がおこるこ

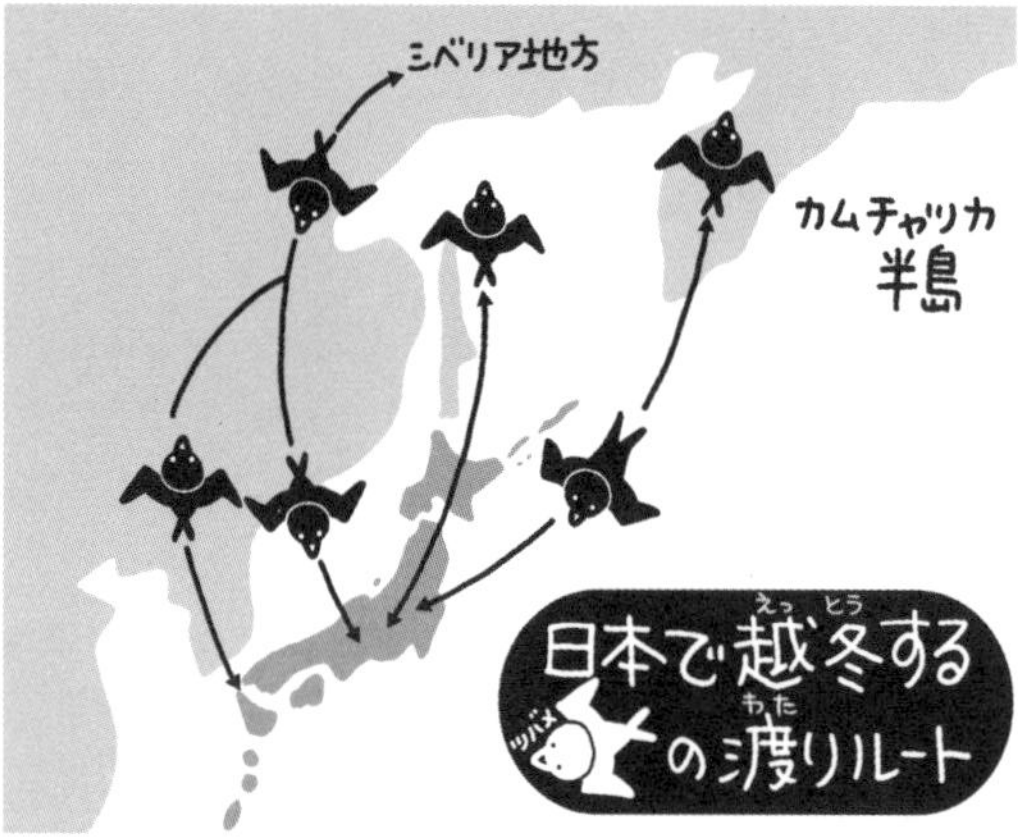

日本で越冬《えっとう》するツバメの渡《わた》りルート。夏、シベリアなどで繁殖《はんしょく》している。

とはさけられないでしょう。」

S《エス》さんが空を見あげて、

「見あげても　ツバメ飛《と》ばない　夏の空……か。想像《そうぞう》したくもありませんなぁ。」

太陽《たいよう》がジリジリと照《て》りつけます。まだ七時をすぎたばかりなのに、もう三十度《ど》をこしているようです。

「みなさん、熱中症《ねっちゅうしょう》には気をつけてくださいよ。」

「くれぐれもね。」

今朝の地球温暖化会議《ちきゅうおんだんかかいぎ》はこれでおしまいです。

みなさんが帰ったあとで、気がかりなことがあって、わたしは池をかこむ木ぎの下を歩いてみました。新聞に、船橋市《ふなばしし》（千葉県《ちばけん》）でおこなった『セミのぬけがら調査《ちょうさ》』で、クマゼミのぬけがらを発見《はっけん》したというニュースがのっていたからです。

ジージー　ジージー

池のまわりは、アブラゼミの声につつまれています。

ゆっくり歩きながら、シャーシャーというクマゼミの声が聞こえてこないかと、耳をすましました。

ミーン　ミンミンミンミンミー
アブラゼミの声にまじって、ときどきミンミンゼミの声が聞きとれます。しかし、クマゼミの声はどこからも聞こえてきません。

どうやらわたしの町には、クマゼミはまだ分布《ぶんぷ》をひろげていないようです。

公園をひとまわりして、池のそばにもどってきたときです。黒い鳥が二羽、スイーッと水面《すいめん》をかすめました。ツバメです。

バシャン！　バシャン！

水面《すいめん》めがけてつっこむと、上空に向《む》かって急上昇《きゅうじょうしょう》。二度《ど》、三度《ど》、池の空を円をえがくように滑空《かっくう》すると、ヤナギの木をかすめて飛《と》びさっていきました。

この夏、公園の池でわたしが観察《かんさつ》できた最後《さいご》のツバメです。

アブラゼミ。全国《ぜんこく》の公園や街路樹《がいろじゅ》などで、ふつうに見られるセミ。

ミンミンゼミ。羽は透明《とうめい》。

# ねぐらさがし

九月になっても、夏の暑《あつ》さがつづいています。けれど、ツバメはもう、公園の池にすがたを見せることはありません。

ツバメはふだんは単独《たんどく》でくらす鳥です。子育《こそだ》てをおわった親鳥は、いったんつがいをといて、それぞれすみよい場所《ばしょ》を「ねぐら」にしてくらします。

心配《しんぱい》なのは幼鳥《ようちょう》です。無事《ぶじ》に巣立《すだ》ったとしても、これからは自分の力だけで生きていかなければなりません。

空にはカラスやタカなどのおそろしい敵《てき》が待《ま》ちうけています。えさをつかまえられなかったり、夏の暑《あつ》さでからだが弱ったりして、死《し》んでいくものがたくさんいます。

それに、もうすぐ、いのちがけの渡《わた》りがはじまります。

渡《わた》りが近づくと、ツバメは群《む》れをつくって、大きな川や湖《みずうみ》の岸辺《きしべ》にひろがるアシ原《はら》に集《しゅう》結《けつ》します。ツバメはアシ原《はら》をねぐらにしてえさをとり、体力をつけながら、渡《わた》りにそなえるのです。

ツバメの集結地《しゅうけっち》は日本各地《かくち》にあります。そこに集《あつ》まってくるツバメの数は、アシ原《はら》のひろさによってちがいますが、多いところでは、数万羽にもなるといわれています。規模《きぼ》はあまり大きくはありませんが、ツバメの集結地《しゅうけっち》のひとつが、わたしの町の町はずれを流《なが》れる相模川《さがみ》の、もう少し下流《かりゅう》にもあります。

相模川《さがみ》は、富士山《ふじさん》の山梨県側《やまなしけんがわ》のすそ野にひろがる富士五湖《ふじごこ》のひとつ、山中湖《やまなかこ》を水源《すいげん》とし、山梨県《やまなしけん》と神奈川県《かながわけん》をつらぬいて太平洋《たいへいよう》にそそぐ大きな川です。

中流《ちゅうりゅう》から下流《かりゅう》にかけての川岸《かわぎし》には、アシ原《はら》がひろがっていて、秋になると、アシ原《はら》には渡《わた》りをひかえた、たくさんのツバメが集《あつ》まってきます。

二十数年まえ、ツバメの大集結《しゅうけつ》を見に、いく度《ど》かいったことがあります。そこで渡《わた》りの季節《きせつ》になったら、もういちど観察《かんさつ》にでかけようと計画しました。

とりあえず、場所《ばしょ》をたしかめておこうと思い、九月上旬《じょうじゅん》、わたしは下見にでかけることにしました。

あのアシ原《はら》にいけば、ツバメに会えるにちがいない……と思うと、わくわく気分。

相模《さがみ》川から水道用の水をとり入れる施設《しせつ》（相模大堰《さがみおおぜき》）。やぐらのような場所《ばしょ》で、係員《かかりいん》がたえず水質《すいしつ》の検査《けんさ》をおこなっている。

でも、川べりを歩くとなると、ふだん着《ぎ》でというわけにはいきません。

危険《きけん》なハチがいます。ヤブカもいます。しげみや雑草《ざっそう》をかき分け、ふみ分けてすすまなければなりません。暑《あつ》いのをがまんして、長そでシャツに長ズボン、山歩き用のシューズで身《み》をかため、カメラと双眼鏡《そうがんきょう》、弁当《べんとう》と水をリュックにつめこんでいざ出発《しゅっぱつ》！

電車を乗《の》りついで、相模《さがみ》川の川ぞいにある小さな町の駅《えき》、ＪＲ《ジェイアール》の社家《しゃけ》という駅《えき》でおりました。

以前《いぜん》は、このあたりの川べりにはひろいアシ原《はら》がひろがっていて、数えきれないほどのツバメの集団《しゅうだん》が集《あつ》まってきていたものです。

ひさしぶりにおりたのに、駅舎《えきしゃ》が新しくなっただけで、道路《どうろ》も家なみもあまりかわってはいません。

テクテク歩いて駅《えき》から十分ほどで川岸《かわぎし》です。

川岸《かわぎし》についたとき、わたしは思わず目を見はりました。護岸工事《ごがんこうじ》がすすみ、アシ原《はら》はあとかたもなく消《き》えて、さらに、十年ほどまえに完成《かんせい》したという、水道水をとりこむ施設《しせつ》・相模大堰《さがみおおぜき》が、川を横切《よこぎ》るようにのびていました。

川向《かわむ》こうには、この地方の中心都市《とし》、厚木市《あつぎ》が見えます。

アシ原《はら》は、ここから川をさかのぼったところにも、たくさんあるはずです。気をとりなおして、わたしは堤防《ていぼう》ぞいの道をテクテク歩きながら、アシ原《はら》をさがしました。しかし記憶《きおく》をたよりにいきついた場所《ばしょ》にも、アシ原《はら》は見あたりません。

（たしか、このあたりだったがなあ……。）

アシ原《はら》があったあたりは、護岸工事《ごがんこうじ》で川幅《かわはば》がひろげられ、川岸《かわぎし》も川底《かわぞこ》も、コンクリートですっかりかためられています。


増水《ぞうすい》しても水害《すいがい》がおきないように、川岸《かわぎし》や川底《かわぞこ》には、水流《すいりゅう》を弱めるための「水制《すいせい》」という石やコンクリートの突起物《とっきぶつ》がつくられている。

さらに上流《じょうりゅう》にすすんでみました。工事《こうじ》がつづいているのか、とちゅうには、ブルドーザーやパワーショベルがとまっている川原もあります。

テクテク二十分ほど歩いていくと、せまいアシのかたまりを見つけました。しかし近づいてみると、クズなどのつる植物《しょくぶつ》がおおいかぶさるようにからみつき、その重《おも》みでなぎたおされています。これではツバメのねぐらにはなりそうもありません。

ほかにも、何か所《しょ》かアシのかたまりを見つけました。しかし、まっすぐに立っているのは、外来植物《がいらいしょくぶつ》のセイタカアワダチソウと、わずかなススキだけで、どこも工事《こうじ》からとりのこされたような、荒《あ》れはてたものばかりでした。

すっかりあてがはずれてしまいました。

(あ〜あ、くたびれもうけか……。)

帰りの電車に乗《の》り、車窓《しゃそう》からぼんやり田んぼの風景《ふうけい》をながめていました。

(そうだ。田んぼのアシ原《はら》にいってみよう。)

電車からおりると、バスに乗《の》って、田んぼに向《む》かいました。

アシ原《はら》がある場所《ばしょ》はわかっています。バスをおりると、わたしはまっすぐにアシ原《はら》のある田んぼに向《む》かいました。

実《みの》りまえの米はスズメの大好物《こうぶつ》。くちばしで、もみごとつぶし、おしだして食べてしまう。

どの田んぼも、稲《いね》の穂《ほ》が重《おも》くたれさがり、ざわざわと音をたてて風になびいています。

空を見まわしました。しかし、どこにもツバメのすがたはありません。田んぼの空を飛《と》びまわっているのは、稲《いね》に群《むら》がるスズメの大群《たいぐん》です。

ツバメがねぐらにするには、このアシ原《はら》はせますぎるのかもしれません。

（やはりだめか……。）

見切りをつけ、きりあげようとしたときです。数羽の小さな鳥が、チュビッ　チュピチュビッと鳴きながら、アシ原《はら》の上を飛《と》びさりました。

ツバメです！

もし、このアシ原《はら》をねぐらにしているのなら、渡《わた》りが近づくと、もっと大きい群《む》れになっているかもしれません。

（そうだ、そのころもういちどきてみよう。）

# さよならツバメ

九月二十九日。そろそろ渡《わた》りがはじまる時期《じき》です。ことによると、もうはじまっているかもしれません。

渡《わた》りまえのツバメの群《む》れをたしかめようと、午後三時ごろ、もういちど田んぼのアシ原《はら》にいってみました。

田んぼは、一面《いちめん》黄金色《こがねいろ》にそまり、アシ原《はら》のまわりの田んぼでは、コンバインがうなりをあげながら、もう刈《か》り入《い》れがはじまっています。

虫をさがしているのでしょうか、刈《か》りおわった田んぼには、ムクドリが群《む》れをなしてまいおりています。近づいていくと、わたしに気づいたのか、ババババッと羽音をのこして、いっせいに空にまいあがりました。

あぜ道をつたって、アシ原《はら》に近づいてみました。しかし、ツバメの気配《けはい》はありません。

（くるのが、おそすぎたのかな……?）

ねぐらでのツバメのくらしは、早朝、えさをもとめてねぐらを飛《と》びたち、夕方にもどってきます。まだ渡《わた》りまえなら、夕方になれば、かならずもどってくるはずです。

わたしは日がかたむくのを待《ま》つことにしました。

あぜ道をたどりながら田んぼを見まわり、稲刈《いねか》りを見学したり、スズメやムクドリの群《む》れをおいかけたりしているうちに、太陽《たいよう》が西の空にかたむきました。

アシ原《はら》は、夕日を浴《あ》びて、田んぼの景色《けしき》のなかに、くっきりうかびあがっています。

空を見まわしました。

いました。いつのまにもどってきたのか、農道《のうどう》の空を横切《よこぎ》る電線に、数十羽のツバメがとまっています。電線にとまって、のびをするように羽をのばしたり、もちあげた羽のあ

ムクドリは、稲刈《いねか》りがすんだ田んぼに集《あつ》まり、足で土をほじくり、かくれている虫をつかまえて食べる。

夕ぐれどき、電線にとまるツバメ。朝、ねぐらから飛《と》びたったツバメは、夕ぐれにはもどってくる。ねぐら近くの電線にとまって、たんねんに羽づくろい。

いだに頭をさしこんだり、ツバメは羽づくろいに余念《よねん》がありません。

チュビーチュピー　チュピチュピー

チュビーチュピー　チュピチュピー

気のせいか、鳴きあう声が、おしゃべりにかわったように聞こえます。

これまで観察《かんさつ》してきたツバメのすがたは、どろをはこんだり、えさをつかまえたり、ひなにえさをあたえたりと、ひなを育《そだ》てるためにいそがしく空を飛《と》びまわるすがたでした。繁殖《はんしょく》をおわったいまは、ツバメはいかにものんびりとくつろいでいるようです。

夕日を背景《はいけい》に、ツバメのシルエットは、まるで影絵劇《かげえげき》を見ているようです。

あとからも、どこからともなくツバメが

もどってきて、ツバメの列《れつ》はだんだん長くのびていきます。

この群《む》れが、この町で生まれたツバメかどうかはわかりません。もしかしたら、渡《わた》りの中継《ちゅうけい》地点として立ちよったツバメかもしれません。

この時期《じき》になると、オス、メス、今年生まれた若鳥《わかどり》と、それぞれに分かれて群《む》れをつくり、ねぐらからねぐらへと移動《いどう》しながら、日本列島《れっとう》をだんだん南下《なんか》していきます。

そして、何千羽、何万羽という大集団《しゅうだん》となって渡《わた》りにそなえ、やがて、ちりぢりに飛《と》びたっていきます。

目的地《もくてきち》は数千キロメートルもはなれた南の国ぐに。いのちがけの危険《きけん》な旅《たび》が待《ま》ちうけています。

ツバメは日中に渡《わた》りをします。日本を飛《と》びたったツバメは、太陽《たいよう》の位置《いち》を目じるしにして方向《ほうこう》をさだめ、途中《とちゅう》の島《しま》じまでからだを休めながら、一日に約《やく》五十~二百キロメートルの距離《きょり》を飛《と》びつづけます。

強風、荒波《あらなみ》、豪雨《ごうう》。ゆく手にどんな危険《きけん》が待《ま》ちうけているかわかりません。

今年生まれた若鳥《わかどり》にとっては、はじめての大旅行《りょこう》です。待《ま》ちうけるさまざまな困難《こんなん》を、乗《の》りきることができるだろうか……。めざす国に、無事《ぶじ》にたどりつくことができるだろうか……。

夕焼《ゆうや》けのかがやきが消《き》え、空がむらさき色にかわると、とつぜん、一羽のツバメが飛《と》びたちました。そして、スーッと田んぼを横切《よこぎ》り、アシ原《はら》の中に消《き》えていきました。

それを合図に、ツバメはつぎつぎに電線から飛《と》びたちました。あとをおうように、まっすぐにアシ原《はら》の中に消《き》えていくのもいます。上空を旋回《せんかい》してから、アシ原《はら》の中に消《き》えていくのもいます。

夕やみのなかに黒ぐろとうかぶアシ原《はら》をながめながら、わたしは、これからはじまる長い旅《たび》に思いをはせました。

渡《わた》りはもうすぐです。

(さあ、ゆっくりおやすみ。

春にはまた、わたしの町にもどっておいで。)

ツバメが南の国へ飛《と》びさると、もうすぐ日本は冬。

公園のよごれた小さな池にも、日本で冬をすごす水鳥たちがすがたを見せるかもしれません。

# おわりに……あとがきにかえて

ツバメの観察《かんさつ》をはじめるようになって、わたしはすっかり早起《お》きになってしまいました。今朝はどんなショーを見せてくれるか、それを見すごすまいと思うからです。そして、とうとう半年以上《いじょう》もツバメをおいかけることになってしまいました。

観察《かんさつ》をしていて、とてもじゃまになることがあります。それは先入観《せんにゅうかん》です。

ツバメとは子どものころからのつきあいですから、ツバメのことはだいたい知っているつもりです。だからツバメの行動《こうどう》を観察《かんさつ》していても、つい知っている知識《ちしき》にあてはめるだけになってしまい、感動《かんどう》や新しい発見《はっけん》にはつながっていかないのです。

そのことに気がついて、わたしはできるだけ頭の中を白い紙にもどし、「ふしぎ」や「おどろき」をたいせつにしながら観察《かんさつ》をつづけることにしました。

しかし、観察《かんさつ》する目の新鮮《しんせん》さは、むかしむかしの人たちにはとてもかないません。温度《おんど》計《けい》も湿度計《しつどけい》もない時代《じだい》、空のようすや、生《い》き物《もの》の行動《こうどう》を観察《かんさつ》して、『夕焼《ゆうや》けになれば明日晴れ』、『カエルが鳴くと雨』、『ツバメが低《ひく》く飛《と》ぶと雨』といった天気予報《よほう》までしてしまうのですから。現在《げんざい》のような科学的《てき》な気象観測《きしょうかんそく》がなかった時代《じだい》には、農家《のうか》や漁師《りょうし》、山仕事《やましごと》の人たちにとって、自然《しぜん》の変化《へんか》を「読む」ことがとてもたいせつなことだったのです。

地球温暖化《ちきゅうおんだんか》がすすんでいるいま、ツバメの渡《わた》り行動《こうどう》の変化《へんか》が注目《ちゅうもく》され、全国《ぜんこく》に観察《かんさつ》の輪《わ》がひろがっています。「ツバメの初見日《しょけんび》」は、その人たちからの報告《ほうこく》をまとめたものです。

そこにも、ツバメの飛来日《ひらいび》が年ねん早まっていることが、はっきり示《しめ》されています。

また、環境省《かんきょうしょう》の調査《ちょうさ》では、飛来《ひらい》するツバメの数は全国的《ぜんこくてき》にへってきているそうです。

その変化《へんか》の原因《げんいん》は……？

まだはっきりとはわかっていませんが、おそらく繁殖地《はんしょくち》である日本や、越冬地《えっとうち》の東南アジアやオーストラリア地方の、温暖化《おんだんか》による環境《かんきょう》の変化《へんか》が原因《げんいん》ではないかと考えられています。人間のくらしには、もうツバメの手助《てだす》けは不用《ふよう》になったとはいえ、ツバメは環境《かんきょう》の変化《へんか》をはかる重要《じゅうよう》な「ものさし」になっているのです。

ツバメは、人家の中にまで入ってきて巣《す》をつくる、ただひとつの野鳥《やちょう》です。毎年、いのちがけで日本に渡《わた》ってきて、いち早く地球環境《ちきゅうかんきょう》の変化《へんか》をわたしたちに知らせてくれます。

みなさんもツバメを観察《かんさつ》して、環境《かんきょう》のことを考えてみませんか？　そして、ツバメをやさしく見まもってください。

**著：七尾 純（ななお じゅん）**

1936年、秋田県に生まれる。児童施設指導員、学習雑誌編集長を経て、1973年“七尾企画”を設立。児童向き科学写真の分野で、書籍・雑誌の企画編集をてがける。主な著書に、『えほん・フォトかみしばい（全18巻）』『「水」の総合学習（全4巻）』『むしばくん　だいすき？』『すっきり　うんち』『タゲリ舞う里に』（以上、あかね書房）、『アサガオのつるは「右まき？」「左まき？」』（アリス館）、『環境ことば事典（全4巻）』（大日本図書）、『新・自然きらきら（全12巻）』（偕成社）などがある。

**絵：どい まき**

神奈川県に生まれる。グラフィックデザイン科を卒業後、フリーのイラストレーターとなる。体験取材イラスト、子ども向け絵本、雑誌など広い分野で活躍中。作品に『アツイぜ！消防官』（フレーベル館）、挿絵作品に『料理の必殺ワザ』（ポプラ社）、『五色百人一首であそぼう！』『みんなでワイワイ早口ことば』（汐文社）などがある。

装丁：白水あかね　協力：浅井亜紀子

写真協力：有限会社フォトライブラリー、株式会社データクラフト

ノンフィクション☆キラリ 2

**テクテク観察 ツバメ日記**

2008年4月10日　初版発行

著　者　七尾　純
画　家　どいまき
発行者　岡本雅晴
発行所　株式会社 あかね書房
〒101-0065　東京都千代田区西神田3-2-1
電話　営業（03）3263-0641　編集（03）3263-0644
印刷所　株式会社 精興社
製本所　株式会社 難波製本

NDC916　147P　21cm
ISBN978-4-251-04272-9